Der Kunde macht den Umsatz! IMMER!!!

Ein großes DANKE geht an meine Frau Maria und meine Tochter Lotta!!!

Sie wissen beide warum!

Die Kunst zu reden
besteht darin
zu wissen
wann man die Klappe
halten muss!

Thomas Reich – 2010

Impressum

Bibliografische Information der Deutschen Nationalbibliothek

Die Deutsche Nationalbibliothek verzeichnet diese Publikation in der Deutschen Nationalbibliografie; detaillierte bibliografische Daten sind im Internet über http://dnb.d-nb.de abrufbar.

Umschlaggestaltung, Herstellung und Verlag:
Books on Demand GmbH, Norderstedt
ISBN 978-3-8391-7429-6

Das ist alles drin!

So´n bisschen was vorweg!

Was ist das Wichtigste für ein Unternehmen?

Stellen Sie die Frage mal einem Unternehmer.
Sie werden von den Antworten überrascht sein!

Ach ja, eines vorweg. Die meiste Zeit meines Angestellten-Lebens war ich für skandinavische Firmen tätig. Zudem bin ich ein Skandinavien - Fan, habe alle Länder mehrfach bereist. Mit meiner Maria und unserer Tochter Lotta lebe ich in einem Blockhaus aus Finnland, fahre ein Auto aus Schweden und meine Brille kommt tatsächlich aus Dänemark.

Anfang Januar bin ich immer gerne einige Tage mit ein paar wilden Jungs in Schweden. Wir trinken Bier, spielen mit Feuer, erzählen uns Männergeschichten und das Ganze an einem stillen, schönen See, an dem ein wunderschönes, sehr altes, rotes Holzhaus steht.

Die Skandinavier sind nett, zuvorkommend, weltoffen, meistens blond, trinkfest und vieles mehr (jedenfalls diejenigen, die ich kenne).
Last, but not least, in Helsinki lebt mein guter Freund Juha. Natürlich auch in einem Blockhaus.

Was tun die Skandinavier? Richtig, sie duzen sich. Trotz des Du miteinander haben sie stets Anerkennung für den anderen. So lebe ich das auch. Wenn es für dich, lieber Leser also o.k. ist, dann duze ich dich!

Denn das macht vieles einfacher. O.k.? Danke!

Was ist nun das Wichtigste für jedes Unternehmen? Aus meiner Sicht:
Der Kunde! Denn ohne Kunde kein Umsatz!

In diesem Buch sind Geschichten, die aus dem wahren Leben stammen. Sie zeigen deutlich, dass zu viele Unternehmen das leider noch nicht so sehen. Allerdings wundern sie sich dann über schlechte Ergebnisse.
Die Schuld daran kann man – und tut es auch gerne – den anderen geben. Oder einfach der Krise, die kann immer schuld sein.

Du erkennst sicher vieles wieder, gleichzeitig bekommst du viele klare und sofort umsetzbare Tipps zur Hand, um es in der Zukunft besser zu machen. Denn so kannst du dich auch von der großen Masse abheben.

Das Ganze schreibe ich bewusst in einer lockeren Art und Weise. Denn es soll dir als Leser auch Spaß bringen.

Bitte lies auch jedes Kapitel einzeln. Mache Dir danach mal deine eigenen Gedanken dazu. Schreibe dir alles, was dir einfällt direkt in dieses Buch. Kritzel es voll, nimm den Marker.

Es ist DEIN Buch!

Wo hast du dich in deinem Business wiedererkannt?! Was kannst du sofort davon in deinem Business umsetzen und deutlich verbessern?!

Dabei ist es ganz gleich, ob du selber ein Unternehmen hast oder ob du Angestellter bist.

Hinten im Buch habe ich einige Unternehmen aufgeführt, die ich wirklich empfehle. Die haben kapiert, wer den Umsatz macht! Probiere sie gerne mal aus, du wirst wirklich überrascht sein.

Die von mir geäußerten Ansichten und Meinungen sind die eines einzelnen und müssen sich nicht immer mit denen des Lesers decken!

Jegliche Ähnlichkeit mit lebenden, toten oder anderen Personen ist rein zufällig.

Das Lesen geschieht auf eigene Gefahr, also bitte nicht beim Autofahren lesen. Außer du bist der Beifahrer.

Ach, da fällt mir auf: Ich wähle die männliche Form beim Schreiben. Bitte, liebe Frauen, habt Verständnis, das erleichtert einem Mann das Schreiben.
Religionen, Vereinssatzungen oder Spielregeln werden hier weder absichtlich noch gewollt oder gar vorsätzlich verletzt oder lächerlich gemacht.

Bitte jedem das Seine! Falls sich jemand ans Bein gepinkelt fühlt, na, dann hab ich wohl den Nagel auf den Kopf getroffen.

Schuld habe ich sowieso nicht! Denn, dass du das Buch jetzt in den Händen hältst, daran ist die liebe Anja Jeffries „schuld“! (www.anjajeffries.de)

Sie hat mir den entscheidenden Tipp gegeben, wie ich endlich mit meinem Buch anfange. Geschrieben war es dann tatsächlich innerhalb von 3 Wochen.

Das es gekauft wird, brauche ich nicht zu beweisen. Denn du liest es gerade – oder gehörst du zu denen, die eines von mir geschenkt bekommen haben?
Na, ich habe jedenfalls ein klares Ziel, wie viele ich davon verkaufen werde.

Wenn du dieses Buch käuflich erworben hast, dann schreibe ich jetzt hier nur für DICH:
VIELEN DANK!!!

Auch noch schnell vorweg:
Ich mache in diesem Buch Werbung für mich und mein Business! Ich kann gar nicht anders, denn ich bin Verkäufer!

Allerdings bin ich so nicht geboren. Wie ich der geworden bin, der ich heute bin, doch morgen nicht mehr sein werde, kannst du in meiner Vita lesen.

So und nun wünsche ich dir, lieber Leser, ganz viel Spaß beim Lesen und Lachen!

Sollten irgendwelche Fragen offen sein, wende dich bitte direkt an mich!

Was für ein Tag!

Was für ein Tag! Deine Stimmung ist bestens, du hast Lust, heute mal was richtig Gutes für dich zu tun. Du willst dir mal was gönnen, eine neue Jeans, ein oder auch zwei Hemden. Du wirfst dich in deine Lieblingsklamotten, fühlst dich gut.

Der Typ im Spiegel sagt dir:
„He, du siehst gut aus!"

Also einfach erst mal los und sich treiben lassen. Ab in die City, Leute gucken, einfach mal sehen, was es so Schönes gibt! Plötzlich hast du diesen wunderbaren Geruch in der Nase.
Du denkst: Oh lecker, dass gönne ich mir jetzt mal!"

Du betrittst den Laden, lauschiges Lounge-Ambiente, coole Musik, cooles Feeling, coole Leute, coole Location! Da fühlt man sich plötzlich auch selber gleich noch etwas cooler.
Du stellst dich an der Schlage an, auf der Tafel suchst du dir eine der leckeren Kaffeesorten aus. Zack, nun bist du an der Reihe!

Dir gegenüber steht nun jemand, der heute Morgen wohl noch nicht in den Spiegel geschaut hat. Kein Lächeln, keine sympathische Stimme, kein Augenzwinkern, kein: „Schön, dass DU da bist."

Vor Schreck hast du fast vergessen, was du wolltest. Dann kommt auch schon die „motivierende“ Frage:
„Ja bitte!“ Und zwar mit einem solchen nervigen Unterton, dass du denkst:
„Gib bloß den Kaffee her, dann bin ich auch schon wieder weg und lasse dich in Ruhe!“

Du kommst schon gar nicht mehr auf die Idee, noch zusätzlich was Leckeres zu essen zu bestellen. Außer dein Magen hängt dir in den Kniekehlen und es macht dir nichts aus, das:
„Ja bitte!“ noch mal zu hören.

Du zahlst einen Preis, wo du glauben kannst, dass du die Tasse mit nach Hause nehmen darfst. Nimmst dir den Kaffee, setzt dich in einen der lauschigen Sessel.

Der Kaffee ist 1a, lecker, aromatisch, heiß. Du schaust auf den Becher mit dem schönen Logo des Coffee-Shops, du siehst dir den ganzen Laden an. Dann denkst du:
„3,40 € und die Typen lachen mich nicht mal an! Warum tut man sich das an? Warum ist dieser Laden trotzdem voll, selbst ohne minimalistische Freundlichkeit. Warum kommen die alle hierher?

Warum macht kein Kunde den Mund auf und beklagt sich mal?“

Genauso ist es mir auch schon oft ergangen. Das ist auch einer der Gründe, warum du jetzt dieses Buch hier in den Händen hältst.
(Vielen Dank, dass Du es gekauft hast!)

Mich hat man mal so übel behandelt, dass ich die Verkäuferin fragte, ob sie mich denn nicht erkennt! Völlig entgeistert sagte sie natürlich:
„Nein“. Ich bat sie: „Sehen Sie mal genau hin!“

Sie blickte wieder und man hat ihr angesehen, wie ihr Hirn raste. Nach kurzer Zeit habe ich sie erlöst und ihr gesagt:
„Ich bin ein KUNDE!!!

Ich nenne den Namen dieser Coffee-Shop Kette aus meinem Beispiel nicht! Jedenfalls nicht hier im Buch!

Doch ich habe einen Tipp für dich! In Hamburg gibt die Coffee-Shop Kette Balzac-Coffee. Wenn du mal guten Coffee mit gutem Service genießen willst, dann gehe in einen der Shops. Da klappt das hervorragend!

Die Besitzerin ist Vanessa Kullmann.
Sie hat über die Gründung ihres Unternehmens ein tolles Buch geschrieben:
„Keine große Sache“

Siehe meine Buchempfehlungen hinten!

Wenn ich in einem dieser Coffee-Shops oder in irgendeinem anderen Geschäft bin, wo ich Geld ausgeben will und ich bekomme nicht einmal ein Lächeln, dann sage ich nichts, sondern lächle einfach so lange, bis auch mein Gegenüber lächelt.

Wenn ich meinem Gegenüber ein Lächeln entlockt habe, sage ich: “Danke, Sie können es ja doch“! Mit Stirnrunzeln und fragendem Blick höre ich dann immer wieder: „Was kann ich doch?“
„Na lächeln! Danke dafür!!! Ich hätte gerne einen Caffee-Latte Grande und diesen bezaubernden Brownie mit extra Schoko!“

Doch sollte Er oder Sie nicht lächeln, dann wird es höchstens noch ein Caffee-Latte Tall ohne Brownie! Diese Läden und viele, viele andere auch verdienen sicher gutes Geld. Doch ich behaupte mal ganz frech, die können alle locker 20 % MEHR machen!

Sie sollten einfach nur mal die simpelsten Dinge beherrschen und vor allem auch anwenden! Sie sollten endlich mal kapieren, wer den Umsatz macht: das ist und bleibt immer der Kunde!

Niemand anderes hält irgendwelche Unternehmen auf dieser Welt am Laufen. Nichts anderes! Doch unterhältst du dich mit Unternehmern (egal wie groß ihr Unternehmen ist) und stellst ihnen die Frage:
„Was ist das wichtigste für Ihr Unternehmen?“

Dann antworten dir nur maximal 1 von 10, dass es der Kunde ist!
Alle anderen fangen an mit ihrem tollen Maschinenpark, mit ihrem Standort, es gibt sogar welche, die als erstes ihre Mitarbeiter nennen. Was schon sehr erfreulich ist!

Doch nur 1 von 10 hat verstanden, dass es seine Kunden sind!

Es ist grausam, zum Weglaufen, zum Schreien! Da jammern so viele Unternehmen und Unternehmer aller möglichen Branchen rum. Da heißt es dann, der Kunde hat einen Igel in der Tasche. Wer greift schon gern in eine Tasche, wo er gepiekst wird?

Der Kunde will ja nichts ausgeben! Wir können da sowieso nichts dran ändern!

Die Krise, die Zeiten sind schlecht, die Ferien sind schuld, der Wettbewerb nimmt mir die Kunden weg, und so weiter!
Ich könnte noch 3 Seiten schreiben mit Ausreden, die genannt werden. Doch von 100 gucken max. 2 in den Spiegel und fragen sich:
„Könnte es an mir liegen?“

Sollten wir da mal was ändern? Natürlich reicht ein smartes Lächeln alleine nicht aus, dass wir uns da einig sind. Doch mit dem Lächeln, wenn der Kunde das Geschäft oder Unternehmen betritt, fängt es an, IMMER!

Du kennst die Situation, da kommt jemand auf dich zu, lächelt dich offen und ehrlich an. Was tust du, du „musst“ zurücklächeln. Das kannst du gar nicht verhindern. Außer du gehörst zu den Miesepetern auf dieser Welt, die zum Lachen in den Keller gehen.
Doch dann hättest du dieses Buch wohl gar nicht in der Hand.
Dazu fällt mir ein schönes Zitat ein:
„Wer nicht lächeln kann, sollte kein Geschäft eröffnen!“
Den Verfasser kenne ich leider nicht.

Weißt du, warum du zurücklächeln „musst“? Wegen deiner Spiegelneuronen!

Das ist bei uns Menschen eingebaut (die Miesepeter haben es allerdings ausgebaut und bei Ebay versteigert).
Hast du mal einen Erwachsenen gesehen, der ein Kleinkind füttert? Der macht, wenn er dem Kind den Löffel reicht, gleichzeitig den Mund auf. Das tut er aus dem intuitiven Wissen heraus, dass sich dadurch die Wahrscheinlichkeit erhöht, dass das Kind ebenfalls seinen Mund öffnen wird.

Klasse Buch zu dem Thema:
„Warum ich fühle was du fühlst“
Siehe dazu meine Buchempfehlungen hinten!

Das Lächeln ist der Anfang, viele Unternehmen kommen jetzt leider über dieses Lächeln nicht hinaus. Die glauben wiederum, dass ein Lächeln reichen muss. Der Kunde sieht doch jetzt mein Geschäft, die Waren sind toll ausgeleuchtet, fein dekoriert, da kann er sich doch nehmen, was er braucht. Nein, kann er nicht! Tut er auch nicht!

Aldi und Co ausgenommen, die haben das Prinzip der Vereinfachung, nix schick sondern viele Produkte auf möglich wenig Raum. Da „müssen“ die Kunden hin, sonst verhungern sie!

Doch bei einer Jeans für 100 € bis 130 € oder einer Multifunktions-Outdoor-Jacke für 300 €, da greift man nicht sofort in die Brieftasche.

Bei Produkten, die wir nicht zum Überleben brauchen, sieht es eben ganz anders aus. Es ist völlig egal, ob es die Jeans, die Jacke, das neue Auto, Haus, neue Fenster und Türen, neue Tapeten, neue Fliesen oder Holzfußböden oder auch nur die Farbe für den Zaun ist.
Wenn wir auf der Suche nach neuen Produkten sind, haben wir zu dem Zeitpunkt bereits ähnliche Produkte.

Wer sich eine Jeans kaufen will, hat meistens schon eine, wer ein Auto kaufen will, hat meist schon eins, wer ein Haus bauen oder renovieren will, braucht Produkte, die nicht für das tägliche Leben notwendig sind. Einige Sachen braucht man nicht sofort, da können manchmal Wochen, Monate oder Jahre vergehen, bis diese gekauft werden.

Stell dir vor, du bist Verkäufer (oder bist du es wirklich?), da kommt ein Kunde ins Unternehmen, der sich für das Produkt XY interessiert. Entweder ist der Kunde als erstes bei dir oder er war schon bei einem oder zwei anderen, die das gleiche verkaufen wie du.

Stell dir weiter vor, (ich greife jetzt etwas vor) das du „alles richtig“ machst, so wie es in diesem Buch beschrieben ist (100% im Durchschnitt schafft man nie, doch auf 90% bis 98% kann man kommen).

Dazu ein Beispiel:
Ich habe mir mal bei einem Autovermieter einen Golf 6 geliehen, mein geliebtes Saab 900 Cabrio Bj. 1991 hatte zu der Zeit auf ein kleines Ersatzteil warten müssen.
Ich hatte Termine in der Schweiz und konnte nicht länger warten. Als ich dann im Golf 6 saß, dachte ich:
„Ja, damit kann ich jetzt auch 200.000 Kilometer fahren. Sprit, Öl, mal eine Inspektion - der läuft!“

So ein Golf 6 ist einfach ein ausgereiftes Auto (der Golf 5 war es sicher auch schon), das ist alles an seinem Platz, wo es sinnvoll ist. Da klappert nichts, ich habe nichts gefunden was mich stört. Er lief ruhig, hatte eine gute Straßenlage, verbrauchte wenig Diesel.

Ich fühlte mich in dem Ding sicher und wohl.

3 Wochen später, das Ersatzteil für meinen Saab war immer noch nicht da, hatte ich Termine in Österreich. Meinem Saab wollte ich die Strecke wieder nicht zutrauen, also bin ich wieder zum Autovermieter.
Leider war der Golf 6 schon weg, so bekam ich einen Citroën C4. Na gut dachte ich, der ist nagelneu, der wird wohl auch für mich ausreichen.

Doch schon als ich nur drin saß, wusste ich, warum der Wagen in vergleichbarer Motorisierung und Ausstattung ca. 4.000 € weniger kostet.

Er ist – meiner Meinung nach – auch 4.000 € weniger Wert!

Da klappert es, da sind die Schalter unübersichtlich angebracht, selbst die Sonnenblenden sind zu kurz! Die Sitzverstellung ist ohne Armverrenkung kaum möglich.
Klar, wem das Ding gefällt, bitte kaufen. Wenn ich wiederum den C4 mit einem Wagen vergleiche der nochmals 4.000 € weniger kostet, da steht der C4 wieder besser da.

Genau das ist dann der berühmte Vergleich von Äpfel und Birnen. Das tun eben auch viele Kunden, sie sehen es im Verhältnis.

Doch denke bitte dran, wenn deine Preise höher sind, dann ist auch dein Produkt Mehr-Wert. Deswegen dieses Beispiel von mir.

(Bei der Autovermietung leihe ich übrigens nie wieder. Denn die haben ihre zweite Chance verspielt! Da bin ich schon fast richtig beleidigt worden. Na ja, bin ja auch „nur ein Kunde".)

Hier wird jetzt auch mal klar, wie wichtig es ist, den Kunden zu fragen:
„Was willst du mit dem Produkt machen, wie oft brauchst du es und wofür - was ist Ihnen, lieber Kunde, sonst noch wichtig daran?"

Frage den Kunden immer, was er will, schaue nicht darauf, was DU ihm verkaufen willst. Das funktioniert nicht auf lange Sicht, da kommt der Kunde nicht wieder und empfiehlt dich auch nicht (also ziehe niemals einen Kunden über den Tisch!).

Viele Unternehmen schauen leider nicht danach, was für den Kunden gut ist, sondern was für das Unternehmen gut ist. Wie können wir mit möglichst wenig Aufwand so viel wie möglich verdienen?

Da haut man sich in gähnend langweiligen und teuren Meetings - denn da sitzen oft die teuer bezahlten Führungskräfte und Verkäufer - die Exceltabellen um die Ohren, dass man den Eindruck bekommt, das Unternehmen verkaufe Exceltabellen.
Noch besser sind dann die Power-Point-Präsentationen!

Da fällst du als Mitarbeiter wirklich fast vom Stuhl. Wenn du Glück hast, hält dich dein lieber Kollege wach oder er lässt dich an seiner Schulter ruhen. Oft sitzt man dann zwei bis drei Tage zusammen, die Verkäufer sollen dann artig die Vision und Mission des Unternehmens auswendig lernen.

Denn die Führungskräfte glauben, dass man damit neue Kunden gewinnen kann, wenn es denn ein jeder Mitarbeiter verinnerlicht hat.

Doch diese Visionen und Missionen haben leider zu oft überhaupt nichts mit dem Kunden zu tun. Wenn doch, dann ist man zwar einen Schritt weiter, doch leider werden sie dann nicht gelebt. Es wird also nicht danach gearbeitet.

Jetzt kannst du mal raten, über wen oder was am wenigsten in diesen Meetings gesprochen wird?

Anders gesagt, welche Inhalte in diesen Meetings sind die Wichtigsten? Die Bedürfnisse der Kunden oder die Bedürfnisse des Unternehmens?

Die Bedürfnisse des Kunden stehen in zu vielen Unternehmen maximal an zweiter Stelle!
Das ist grausam, doch es ist die Wahrheit!
(Kleine Quizfrage: Was kommt bei JEDEM Meeting raus?
Diejenigen die reingegangen sind!)

Ich habe oft die Frechheit besessen, in solchen Meetings eine bestimmte Frage zu stellen. Wenn du das nächste mal in einem sitzt, dann gönne dir mal den Spaß.
Stelle einmal die Frage:
„Wer bezahlt denn hier den Kaffee?“

Ich muss jetzt schon lachen, wenn ich mir die Reaktionen vorstelle! Auf die Frage habe ich immer die tollsten Antworten bekommen. Doch nie war die richtige Antwort dabei!

Denn wenn du es richtig betrachtest, zahlt der Kunde auch den Kaffee.
Denn der Kunde macht den Umsatz! IMMER!!!

Vom Umsatz werden nun mal alle Ausgaben bezahlt.

Die innere Einstellung zum Verkaufen!

Hat Verkaufen immer was damit zu tun, dass man sofort Geld für etwas bekommt, was ein anderer (Der Kunde) benötigt?

Nö, hat es nicht! Wenn man im Verkauf tätig ist, dann ist es ganz normal, dass man nicht mit jedem Kunden sofort Geld verdient oder es sofort bekommt.
Doch es ist möglich ab dem ersten Kundenkontakt Geld zu verdienen, auch wenn der Kunde dir dieses Geld noch nicht sofort gibt.

Jedes Unternehmen und somit jeder Verkäufer (ausnahmslos JEDER) hat immer die Chance, dem Kunden etwas zu verkaufen.

Wichtiger Hinweis:
Auch die Mitarbeiter in Unternehmen, die keine Verkäufer sind, verkaufen! Selbst wenn z. B. der Hausmeister draußen das Laub fegt. Er hat die Kunden freundlich zu grüßen, sich von seiner besten Seite zu zeigen. Denn er stellt einen Teil des Unternehmens dar!

Das ganze fängt bei deiner inneren Einstellung an.

Wenn du deine innere Einstellung darauf ausrichtest – nennen wir es mal programmierst – dass dein Gegenüber (also immer der Mensch, mit dem du gerade zusammen bist!) immer auch dein Kunde ist. Dann steigen die Erfolgschancen, deine Produkte oder deine Dienstleistung zu verkaufen dramatisch nach oben.

Ein Beispiel dazu.
Nehmen wir mal an, du bist Verkäufer in einem Sportartikel-Geschäft oder es gehört dir sogar selbst.
Du hast jetzt Wochenende und verbringst es in einer schönen deutschen Großstadt, nehmen wir mal Hamburg. Dort triffst du Menschen, die du nie zuvor in deinem Leben gesehen hast.

Wenn du – was immer passiert, wenn Menschen sich neu kennenlernen – über deinen Beruf sprichst, das Ganze mit der richtigen Einstellung und mit echter Begeisterung, mit all den guten Dingen, die du für deine Kunden tust und deinen Mehr-Werten, die du bietest, wenn du darüber sprichst, warum deine Kunden mit dir zufrieden sind, warum sie bei dir kaufen und so weiter.
(....ja schwerer Satz. Doch auf der nächsten Seite verstehst du es!)

Dann lässt es sich gar nicht vermeiden, dass diese Menschen wiederum mit anderen Menschen genauso begeisternd über dich und dein Unternehmen reden.

Wenn sie dann mal in der Stadt sind, wo du dein Unternehmen hast, wen werden sie besuchen? Dich!

Wenn sie von anderen gefragt werden, wer Experte in Sachen Sportartikel ist. Wen nennen sie? Dich!

Wen werden diese Menschen dann kontaktieren, um mit ihm Geschäfte zu machen? Dich!

So macht man Umsatz mit Kunden, auch wenn es dann mal etwas länger dauert, bis das Geld fließt.

Die Welt ist klein, den Satz kennst du auch. Er ist vor allem wahr, denn manchmal ist es ganz „eigenartig“ wie sich Menschen wiederbegegnen oder ein Kontakt über drei Ecken läuft.

Ich behaupte, so ist es gültig für jeden Verkäufer und jede Branche, ausnahmslos!

Vergiss in dem Moment, wo du über dein Unternehmen sprichst, die Dinge, die mal nicht so gut funktionieren.

Da gibt es immer etwas, dass gehört zum Business dazu, daraus lernt man Neues. Doch damit solltest du mögliche neue Kunden nicht behelligen, die wollen das gar nicht hören.

Menschen wollen am liebsten immer mit Menschen zusammenarbeiten, die sich ihrer Sache ganz sicher sind. Die Profis sind, in dem was sie tun. Das geht dir doch genauso!

Mit Nörglern und Jammerlappen wollen sie nichts zu tun haben. Nörgler und Jammerlappen sind auch nicht sexy.
Erfolgreiche Verkäufer und Unternehmer sind es sehr wohl!

In den letzten 20 Jahren habe ich so viele Verkäufer und Berater getroffen, dass ich diese schon gar nicht mehr zählen kann. Was mir immer wieder auffiel, ist die Tatsache, dass 80 % von ihnen immer was zu meckern hatten.
Die haben so viel Zeit damit verbracht, über all das Negative zu sprechen, dass ihnen gar keine Zeit mehr blieb, überhaupt noch was Positives zu erzählen.

Das ihr Gehalt am Monatsende pünktlich auf dem Konto war, dass fanden sie natürlich klasse.

Den schicken Dienstwagen mit Tankkarte, auch zur privaten Nutzung, auch klasse.
1 % versteuern, günstiger kannst du heute wohl kaum Auto fahren.

Doch sich mal über die vielen kleinen Erfolge freuen, dass zu sehen, was jeden Tag gut funktioniert. Das haben viele aus den Augen verloren. Nehmen, Nehmen nochmal Nehmen, doch beim Geben wird es dann schnell eng.

Ja, auch ich hatte viele Jahre die Vorzüge von pünktlichem Gehalt und schickem Wagen. Doch als ich spürte, dass ich dafür nicht mehr der Richtige war, mich mit zu vielen Dingen nicht mehr identifizieren konnte, wenn man mit unseren Kunden nicht mehr so umgegangen ist, wie ich es mit meiner inneren Einstellung vertreten konnte, dann bin ich gegangen.
Um mir selber treu zu bleiben, dem Unternehmen nicht zu schaden und das zu tun, was mir richtig Spaß bringt.

Ein pünktliches Gehalt, Dienstwagen und Tankkarte konnten mich dann nicht mehr halten.

Ja klar, auch ich habe mich öfter vom negativen Singsang einlullen lassen. Habe mitgejammert, gemeckert und draufgehauen auf all das, was schlecht lief. Doch ich habe dann auch die Konsequenz daraus gezogen!
Denn es nützt dir als Verkäufer nichts, darüber zu jammern und vor dem Kunden schon gar nicht!

Klar ist, je größer das Unternehmen ist, für das du als Verkäufer arbeitest, umso schwerer ist es, auf das Geschäftsgebaren Einfluss zu nehmen. Da sind die Chancen leider sehr gering. Doch mache lieber den Mund auf bei den Bossen und sage was du denkst.

Dann brauchst du dir, wenn der Laden mal nicht mehr laufen sollte, keine Vorwürfe zu machen, nichts gesagt zu haben.

Zu viele Vorgesetzte und Führungskräfte sind meiner Meinung nach auch viel zu weit weg vom Tagesgeschäft und vor allem vom Kunden.
Das, was sie am liebsten tun, sind drei Dinge:

- Exceltabellen erstellen.
  Mit Datenmüll, Zahlenwirrwar und Energiefressern, damit das nächste Meeting auch seine Berechtigung hat.

- Power-Point-Präsentationen mit immer zu vielen Folien.
  Ich werde jetzt schon schlagartig müde, wenn ich an die vielen Power-Point Meetings denke, in denen ich sitzen musste, gäääääähn.

  (Wer mit Power-Point arbeiten „muss", dem kann ich wesentlich bessere Methoden zur Präsentation zeigen. Vor allem mit mehr Wirkung und zufriedenen Zuhörern!
  Ich zeige dir gerne wie das geht.)

- Fließend Englisch. Ja klar, auch wenn Meetings in Deutschland abgehalten werden und das Unternehmen aus dem Ausland kommt.
  Da sitzen dann 10 Leute, 8 Deutsche und 2 aus einem anderen Land. Die 2 können jedoch auch wunderbar deutsch, doch es wird in Englisch gemacht. (Gehört wohl zur Mission!)
  Doch leider können von den 8 Deutschen nicht alle fließend Englisch.

Was passiert dann in solchen Meetings?
Aufmerksames Zuhören oder Abschalten?

Genau, Abschalten! Lass den mal reden da vorne! Man ist gedanklich überall, nur nicht bei seinem Kunden!

Was kommt nach diesen drei Dingen, die perfekt beherrscht werden? Lange nichts!
Bis wirklich an den Kunden und seine Bedürfnisse gedacht wird, dauert es einfach zu lange. Auch das hat wieder mit der inneren Einstellung zum Verkaufen zu tun.

Leider sind in der heutigen Zeit so viele Entscheider am Werk, die noch niemals irgendeinem Kunden auch nur eine Tasse Kaffee verkauft haben.
Das ist echt ein Drama, wer wundert sich dann noch darüber, wenn Kunden verloren gehen, der Umsatz in den Keller rauscht oder schlimmer noch, neue Kunden gar nicht erst gewonnen werden. Ich nicht!

Denn wer sich nicht um seine Kunden kümmert, der kümmert sich nicht um sein Geschäft!

Ach nee, Quatsch, tut er doch:
Er schadet seinem Geschäft!
Halleluja!

20%
80%

Das gute alte Pareto-Prinzip!

Noch mal zum Thema jammern und meckern über das, was nicht läuft. Damit wird kein einziger Euro Umsatz gemacht, null, nix!
Also höre damit auf, falls du es auch tust!
Wenn nicht, Glückwunsch! Dann sage es denen, die es tun oder schenke ihnen mein Buch! DANKE!

Nehmen wir mal das Pareto-Prinzip als Grundlage.
Für denjenigen, der den Vilfredo Pareto nicht kennt, hier eine kurze Info, wer der Bursche war:

Der italienische Ökonom und Soziologe Vilfredo Pareto (1848-1923) untersuchte einst das Vermögen des italienischen Volkes. Dabei fand er etwas Faszinierendes heraus:

Nur 20 Prozent aller Familien besaßen 80 Prozent des gesamten Vermögens Italiens!
Dieses Verhältnis heißt seitdem - Pareto-Prinzip - und gilt für sehr viele Lebensbereiche:

- Nur 20 Prozent des Einsatzes erbringen 80 Prozent des Ergebnisses.

- Mit 20 Prozent deiner Freunde verbringst du 80 Prozent deiner Zeit.

- Andersherum stammen 80 Prozent deiner Sorgen von nur 20 Prozent deiner Probleme.

- Du verschwendest 80 Prozent deiner Zeit für nur 20 Prozent vom Ergebnis.

- 80 % des Welthandels finden unter 20 % der Menschen statt.

- 20 % deiner Kunden erwirtschaften 80 % deines Umsatzes.

Es ist also sehr wichtig, sich auf die richtigen Dinge zu konzentrieren und die unwichtigen einfach bleiben zu lassen. Durchsuche dein Berufsleben nach der Pareto- Regel. Du wirst erstaunt sein, wie oft du auf das 80:20 Verhältnis triffst.

Dann streichst du die falschen 80 Prozent deines Einsatzes weg!

Vorsicht, es gibt natürlich Dinge, die man nicht bei 80 % einfach beenden kann:

- Das Mauerwerk eines Hauses kann nicht bei 80 % aufhören, es ist erst bei 100 % fertig. (Allerdings ziehen viele Menschen schon ein, wenn 90 % erledigt sind.)

- Der Arzt kann eine Operation nicht bei 80 % als erledigt betrachten!

- Das Flugzeug kann nicht nach 80 % der zurückgelegten Strecke schon zur Landung ansetzen.

Doch durchbreche mal das Pareto-Prinzip.
Rede zu 80 % über die Dinge, die auch zu 80 % funktionieren!

Höre bitte auf, über Probleme zu reden!

Ich höre schon den Aufschrei manches Lesers:
„Ja, aber die Probleme sind doch da. Die kann man doch nicht einfach wegdiskutieren oder ignorieren!“

Stelle dir mal folgende Situation vor. Da kommt dein netter Kollege zu dir und sagt:
„Also, ich habe folgendes Problem.....!“

Jetzt rate mal, worüber ihr euch unterhalten werdet (wenn es im Meeting passiert, dann die ganze Mannschaft!)?

Genau, ihr redet über das PROBLEM! Euer Hirn ist auf PROBLEM fokussiert, ihr dreht euch im Kreis! Meistens wird dann das Problem auch noch „vertagt“!

Doch es gibt eine wunderbare Methode, wie man das abstellen kann. Wenn es mal wieder mit einem jammernden Kollegen soweit ist oder du selber hast mal ein „Problem“. Dann leite das Gespräch bitte anders ein.

Es ist wirklich simpel und es funktioniert! Also stell dir, vor du hast das „Problem“ und gehst nun zu deinem Kollegen. Du beginnst das Gespräch mit folgendem Satz:
„Ich brauche eine Lösung!“

Schon ist euer Hirn auf LÖSUNG fokussiert. Es kann gar nicht mehr anders als in LÖSUNGEN zu denken!

Auch wenn du dann noch darüber sprichst, was passiert ist. Das einzige was im Gespräch zugelassen ist, ist nach einer Lösung zu suchen.

Wenn du dir dreimal hintereinander sagst:
„Ich brauche eine Lösung! Ich brauche eine Lösung! Ich brauche eine Lösung!“

Dann wird dein Hirn angetriggert und du findest auch eine Lösung! Über die Ursache des „Problems“ könnt ihr dann später nachforschen und es für die Zukunft abstellen.

Probiere es bitte aus, es funktioniert!!!

Du kannst nicht nicht wirken!

Hast du schon mal den Satz gehört:
„Man kann nicht nicht wirken"!

Er ist abgeleitet von dem Satz: Man kann nicht nicht kommunizieren! Wer das herausgefunden hat, war der wunderbare Paul Watzlawick. Er war ein Kommunikationswissenschaftler, Soziologe, Psychotherapeut, Psychoanalytiker, Philosoph und Autor.

Deswegen ist es so verdammt wichtig, begeisternd über sein Business zu sprechen. Denn alles, was du tust, hat eine Wirkung, entweder eine negative oder eine positive!

Im August 2009 habe ich – wie immer gerne – die Talkshow Kölner Treff mit Bettina Böttinger gesehen. Wie immer hatte Bettina Böttinger illustre Gäste, die aus und von ihrem Leben oder ihrem Business erzählen. Es wird herzerfrischend gelacht, die Gäste bekommen lecker Kölsch, es ist immer wieder spannend.

Im August 2009 war neben Rüdiger Hoffmann auch Harry Wijnvoord dabei. Harry ...wer?

Harry Wijnvoord der Holländer, der 9 Jahre die Sendung „Der Preis ist heiß“ moderiert hat.

Als ich den netten Burschen bei Bettina habe reden hören, wurde mir klar, warum in den Teleshop-Sendungen so wahnsinnig viel verkauft wird.
Die Verkäuferinnen oder Verkäufer wie Harry sind immer bester Laune, passend zu ihrem Business gekleidet und sie kennen alle Vorteile der Produkte, die sie anbieten.

Sie erzählen in einer erfrischenden Art und Weise, was der Kunde alles mit dem Produkt anfangen kann. Klar nutzen sie auch die Strategie der Verknappung, doch das ist legitim. Denn sie sind schließlich nicht auf dem Hamburger Fischmarkt.

Jetzt erinnere dich mal an einen deiner letzten Besuche, z. B. in einem großen Kaufhaus. Da musst du doch den Verkäufer suchen!
Wenn du ihn gefunden hast, geht das Drama doch erst richtig los: „Ja, bitte? Grrrrr!“

Viel mehr als ein „Ja bitte“ oder „Kann ich Ihnen helfen?“ fällt denen doch leider gar nicht ein. Ein echtes freundliches Lächeln? Sehr selten!

Welche Wirkung? Eher eine negative oder nur sehr schwache positive. Denn der Mensch wirkt immer, wie wir von Paul Watzlawick wissen.

Unser Auftreten wird immer:

- W = Wahrgenommen
- I = Interpretiert
- B = Bewertet.

Man kann eben gar nicht nicht wirken. Niemals!

Da sind wir dann wieder bei einem echten aufrichtigen Lächeln. Ein Lächeln wirkt immer!
Ja, das ist tatsächlich so. Du erinnerst dich, die Spiegelneuronen. Das bedeutet nun auch, dass sich deine innere Einstellung zum Verkauf und zum Kunden immer durch deine Wirkung äußert.

Du hast es sicher selber schon hundertfach erlebt.

Da erblickst du den Verkäufer oder die Servicekraft, sofort ist erkennbar, ob der oder diejenige Lust auf ihren Job hat. Das dauert keine 2 Sekunden! Kennst du, stimmt´s?
Das können sie nicht verstecken und wir selber eben auch nicht!

Schau dir mal den Harry Wijnvoord an. Seine Wirkung finde ich klasse, ein richtig guter Verkäufer, ein echter Verkäufer!

Vor allem steht er auch dazu, dass er Verkäufer ist. Er ist von den Produkten, die er verkauft auch selber überzeugt - das bringt für jeden Verkäufer dauerhaften Erfolg!

Viele glauben, dass Verkäufer ein Schimpfwort ist. Ein Übel, das man eben braucht, um Produkte an den Kunden zu bringen.

Wer so denkt, wird nie dauerhaften Erfolg im Verkauf haben!

Nie!!!

Die Emotionale Beteiligung des Kunden!

Die W I R K U N G macht´s!

Es ist schon eine Weile her, mir fällt diese Geschichte immer wieder ein!
Kennt Ihr noch den Typen aus der Telekom Werbung, der die Arie gesungen hat?

Es ist der Handyverkäufer, der in England „Das Supertalent“ wurde. Paul Potts!

Er hat die Leute von den Stühlen gerissen und zu Tränen gerührt! Warum? Wegen seinem guten Aussehen, wegen irgendwelcher Beziehungen, wegen guter Kontakte oder wegen seinem Fachwissen?
Nein! Nein! Nein!
Sondern wegen seiner W I R K U N G !
Wegen der Emotionen, die er bei den Menschen ausgelöst hat!

Im Auto habe ich im Dezember 2008 den Sender DLF gehört. Dort spielten sie die Arie, mit der Paul das Supertalent wurde. Danach sprach eine junge Frau, sie sagte folgende Sätze:

„Ich bin erschüttert, denn dieser Mensch (sie meinte Paul) kann überhaupt nicht singen! Es ist unglaublich, dass seine CD auf Platz 1 in Deutschland (Dezember 2008!) steht.

Ich bin selber Sängerin und habe Musik studiert, mein Freund auch, doch wir haben nicht so einen Erfolg, usw., usw., usw........"

Bla bla bla und so weiter und so weiter. Sie war neidisch auf ihn! Zu recht? Nein!

Es bestätigt meine These:
Fachwissen ist zweitrangig!

Wenn man die Menschen erreichen will, geht es um W I R K U N G und Gefühle!
Lerne in der Bilder- und Wirksprache zu reden. Gebe deinen Gesprächen Emotionen, immer und immer wieder!

Denn die Entscheidungen der Menschen werden immer im Unterbewusstsein getroffen. Das Unterbewusstsein, kann nur Gefühle oder Bilder verarbeiten. Mehr nicht! Das ist bei allen Menschen auf der Welt gleich.

Niemand hat Paul Potts das zugetraut!
Da hieß es:
„Der doch nicht, der fette Sack, guckt euch mal seine krummen Zähne an, der wird nie Erfolg haben!"

Jetzt sind auch diese Leute schlauer!!!

Wie wirke ich?

Tue dir selber einmal den Gefallen und überlege dir, ob das, was du verkaufst auch etwas ist, was du selber kaufen würdest
Wenn ja, super!

Sollte dein Verkauf jedoch nicht so laufen, könnte es unter anderem auch daran liegen, dass du nicht hinter dem Produkt oder deinem Unternehmen stehst!

Achte bei deiner W I R K U N G bitte auf folgende Punkte.
Am besten stellst du dich mal vor einen Spiegel oder noch besser du filmst dich mal. Das geht mittlerweile fast mit jedem Handy.

- Wirkst du freundlich, offen und ausgeglichen?

- Nimmst du dir gerne für andere Menschen Zeit?

- Bist du pünktlich, verlässlich und immer konzentriert?

- Schaust du deinem Gegenüber in die Augen?

- Ist deine Körperhaltung aufrecht?

- Hast du eine angenehme Stimme oder sprichst du immer zu leise oder zu laut?

- Lächelst du gerne und verbreitest gute Stimmung?

- Können sich andere Menschen in deiner Umgebung wohl fühlen?

- Nimmst du andere Menschen ernst und gibst ihnen das Gefühl, wichtig zu sein?

Überprüfe diese Punkte mal wirklich!

Befrage einen guten Freund, der dir sein ehrliches Feedback gibt. Nehme ein Kundengespräch auf, am Telefon geht das sehr gut.

Sage es vorher dem Kunden! Dann kannst du feststellen, wo du noch Potenzial zur Verbesserung hast.

(Natürlich kannst du mich auch als Coach buchen, dann bringe ich dich auf einen wesentlich höheren Level für deine persönliche W I R K U N G !)

Der Kunde!
Der Kunde!
Der Kunde!

Mir hat mal ein Immobilienmakler gesagt, um ein Haus gut zu verkaufen, sind drei Dinge besonders wichtig:

1. Die Lage! 2. Die Lage! 3. Die Lage!

Alles weitere kommt danach!

Auf ein Unternehmen übertragen ist es statt der Lage:

1. Der Kunde! 2. Der Kunde! 3.Der Kunde!

Das gilt für jedes Unternehmen, egal ob du alleine dein Unternehmen bist, ob es 10, 100 oder 1.000 Mitarbeiter hat. Um das zu verstehen, braucht man keinen Doktortitel, Master, Bachelor oder sonstigen akademischen Grad, dass versteht sogar ein Erstklässler!

Wie schon beschrieben, mache dir das bitte jeden Tag aufs Neue klar. Tue dir selber den Gefallen! Denke selber mal daran, wie du als Kunde behandelt werden willst. Wann machst du dein Portemonnaie auf?

Bezahlst du gerne bei einem Drachen an der Kasse oder dort, wo man dich anlächelt und dir ein gutes Gefühl vermittelt?

Lies mal folgende Fragen. Schließe nach jeder Frage die Augen und beantworte sie dir wirklich ganz ehrlich! Habe die Bilder vor deinem geistigen Auge, denke dann darüber nach, wie du selber wirklich drauf bist!

Schreibe dir das bitte einmal auf, du brauchst es für das nächste Kapitel! (Du kannst es direkt hier ins Buch schreiben!)

- Wie begrüßt du deine Kunden? In einer persönlichen Begegnung und wie am Telefon?

- Was sind deine ersten Worte am Telefon? Erst der Name oder erst Guten Tag?

- Lächelst du bevor du zum Hörer greifst?

- Was ist deine erste Frage? Wie ist das Wetter oder eine aufrichtige Frage zur Person?

- Was denkst du wirklich über deine Kunden?

- Was gefällt dir an ihnen und warum gefällt es dir?

- Was gefällt dir ganz und gar nicht an deinen Kunden und warum nicht?

- Wer sind deine Lieblingskunden? Warum sind sie es?

- Was kannst du davon auf andere übertragen?

- Welche deiner Kunden stehen ganz hinten auf der Liste? Warum?

- Mit welchen deiner Kunden möchtest du gerne mehr Umsatz machen?

- Welche Kunden möchtest du am liebsten „abgeben“, z. B. an einen Kollegen?

- Welche Kunden empfehlen dich weiter? Warum tun sie das?

- Von wem bist du noch nie empfohlen worden? Warum nicht?

- Mit welchen Kunden hast du den größten Spaß?

Ja, auch ich hatte in meiner angestellten Zeit mal einen Kunden, den ich am liebsten nie gehabt hätte!
Da passte es an keiner Ecke. Schon als ich die Nummer im Display sah, wusste ich, es gibt wieder Ärger. Es war mir nicht möglich, diesem Kunden etwas recht zu machen.

Da haben sich eben zwei getroffen, die überhaupt nicht zusammenpassen. Es fiel mir wirklich schwer, über diesen Kunden positiv zu denken.
Doch auch dafür gibt es Lösungen. Es ist möglich, auch solche Kunden zufrieden zu stellen.

Natürlich gibt es auch Kunden, die kein Unternehmen braucht! (Dauernörgler, „Nichtsrechtmachenkönner“)

Nehmen wir mal an, du bist Verkäufer, in einem Team von Verkäufern. Jetzt hast du so einen Fall, du und der Kunde, ihr werdet einfach nicht warm. Es passt irgendwie nicht.

Was kann man tun, dass du als Verkäufer und vor allem der Kunde – der den Umsatz macht – wieder zufrieden wird?

Erste Möglichkeit, suche dir einen Kollegen aus dem Team, der besser zum Kunden passt. Auch wenn es nicht sein Verkaufsgebiet ist!

Denn selbst, wenn dein Kollege weiter fahren muss, um diesen Kunden zu betreuen, wird dein Unternehmen unter dem Strich mehr Geld verdienen und der Kunde kommt gar nicht auf die Idee abzuwandern.

Hast du oder arbeitest du in einem Unternehmen, wo die Kunden zu euch kommen? Dann ist es oft noch einfacher den Verkäufer zu „tauschen".
Was gewinnt ein Unternehmen dadurch?
Drei Dinge:

1. Zufriedener Kunde!
2. Zufriedener Verkäufer!
3. Steigenden Umsatz!

In Restaurants kann man das immer wunderbar beobachten. Da gehen die Stammgäste immer in die Ecke, wo auch ihr Lieblingskellner oder ihre Lieblingskellnerin bedient. Denn auch in Gaststätten geht es in erster Linie nicht um das Drei-Gänge-Menü, sondern um gute Gefühle und Anerkennung für den Gast. Anerkennung, die man sich vom Kellner holt und die der Kellner von seinen Gästen bekommt.

Das Essen kann noch so gut sein, wenn der Service fehlt, mies gelaunte Kellner bedienen, dann kommt der Gast/ Kunde nicht wieder.
Außer er ist selbstquälerisch veranlagt!

Andere Situation, du bist alleiniger Verkäufer in einem oder sogar deinem eigenen Unternehmen.

Hier hast du jetzt den Fall „schrecklicher" Kunde, kein warm werden, keine Zufriedenheit auf beiden Seiten in Sicht.
Was tun?

Vorsicht, jetzt kommt´s!

Was ist das Wichtigste für jedes Unternehmen? Genau, der Kunde!
In diesem Fall, lass den Kunden gehen, wenn es mit Euch nicht klappt!

Ja, ich höre schon wieder den Aufschrei von so manchem Leser:
„Ja, aber der Kunde macht bei mir 20.000 € Umsatz, wenn ich den Kunden nicht mehr habe, verliere ich auch den Umsatz“!

Nun bin ich mal ganz provokant und behaupte:
„Nein, tust Du nicht!“ Denn prüfe mal, was du mit solch einem Kunden an Gewinn machst. Was nützen dir 20.000 € oder auch 200.000 € Umsatz, wenn du unter dem Strich keinen oder nur minimalen Gewinn machst?

Denken wir zurück an Vilfredo Pareto. Untersuche es mal bei dir, mit 80 % deiner Kunden machst du nur 20 % Umsatz!
Mit 20 % deiner Kunden machst du jedoch 80 % deines Umsatzes!!!

Sei so mutig und empfehle die Kunden, mit denen es meisten gar nicht klappt, an jemanden anderen, der „besser zu ihm passt“.

Jetzt denkst du womöglich:
„Na, bis hier war das Buch ja ganz gut. Doch jetzt spinnt der Thomas total. Kunden abgeben! Der hat sie doch nicht alle! Ab in den Ofen mit dem Buch!“

Verstehe ich sogar, denn früher habe ich auch so gedacht! Doch stelle dir mal Folgendes vor. Dieser Kunde, mit dem du nicht warm geworden bist - der ist nun bei einem anderen, den du empfohlen hast, glücklich und zufrieden. Was wird dieser Kunde früher oder später von dir denken?

Na, kommst du selbst drauf? Cool, denn genau das wird er denken. Du hast sogar gute Chancen, dass er sich bei dir bedankt. Auch wenn du nun denkst, für ein Danke kann ich mir nichts kaufen.

Stimmt, doch die Zeit und die positive Energie, die du durch die „Abgabe“ des Kunden gewinnst, diese Zeit kannst du nun für neue Kunden investieren.

Du wirst Kunden finden, die mindestens den gleichen Umsatz oder sogar Einiges mehr machen. Du kannst die Kunden suchen, die du willst, mit denen hast du mehr Freude und Spaß. Unter dem Strich wirst du auch mehr Gewinn machen.

Klar will man das nicht sofort wahrhaben und noch schwerer ist es zu akzeptieren. Lehne dich mal zurück und lasse es als Film an deinem geistigen Auge vorbeilaufen.
Probiere es aus und denke mal drüber nach!

Noch ein Tipp, den ich vielen Unternehmen gebe!

Nimm alle deine Rechnungen, die du in den letzten 2 - 3 Jahren geschrieben hast. Mache 2 Stapel: auf den einen legst du die, wo du mit deinen Kunden Spaß gehabt hast.

Auf den anderen legst du die, wo es keinen Spaß gemacht hast.
Die Höhe der Rechnungssumme wird dabei nicht berücksichtigt!

Wenn du das getan hast, nimmst du dir den Stapel mit den Rechnungen, wo du Spaß hattest. Genau auf diese Kunden konzentrierst du dich in der Zukunft und baust deine Geschäftsbeziehung aus! Wenn du das tust, wirst du erstaunt nach 3 – 4 Monaten feststellen:
„Hoppla, ich verdiene mehr Geld als früher! Es macht vor allem auch mehr Spaß!“

Kunden fragen sich natürlich auch immer wieder: Was gefällt mir an dem Unternehmen, wo ich kaufe? An dem Unternehmen, das mein Lieferant ist. Bin ich da noch richtig oder gibt es mittlerweile bessere?

Hast du deine Liste gemacht?
Die brauchst du gleich!

Die Verbindung zum Kunden!

„ … da passte einfach die Chemie nicht!“

Kennst du den Satz, wenn dir jemand berichtet, dass er mit einem anderen nicht klar gekommen ist?

Wenn die Chemie nicht stimmt, dann stimmt sie eben nicht. Erzwingen kann man das nicht und das ist auch gut so. Wenn du das erkennst, dann verliere nicht die Zeit damit, versuche es nicht krampfhaft. Schicke lieber einen anderen Verkäufer hin. Doch auch wenn die Chemie stimmt, ist es wichtig, eine gute Verbindung zum Kunden aufzubauen.
Wie baut man nun die richtige oder überhaupt eine Verbindung zum Kunden auf?

Da gibt es natürlich mehrere Varianten, die wirksamste ist diese hier:
„Eine gute lang anhaltende Beziehung zu seinen Kunden baut man mit echter Anerkennung auf!“

Das bedeutet, suche dir und sehe in deinem Gegenüber immer etwas, das du anerkennen kannst. Anerkennung funktioniert jedoch nur dann, wenn sie auch zu 100 % echt ist. Heuchelei und dergleichen helfen dir da nicht, dass wird recht schnell durchschaut und geht dann voll nach hinten los.

Anerkennung bedeutet, echtes wahres Interesse an anderen Menschen zu zeigen.
Was versteht man nun unter Anerkennung? Das kann eine Kleinigkeit sein oder auch eine große Sache.

Kommen wir jetzt mal zu deiner Liste! Hast du dir was aufgeschrieben? Was sind die Dinge, die dir im Verkauf so richtig Spaß machen? Was freut dich jedesmal, wenn du den Kunden besuchst oder der Kunde zu dir kommt?

Stelle dir mal folgende Situation vor. Du bist 2 Stunden mit dem Auto unterwegs zu deinem Kunden gewesen. 2 Stunden auf der Autobahn können oft ganz schön nervig sein. Da hat mal wieder einer mit seinem Kühler an deinem Heck geklebt, es war Stau oder du hast Zeit verloren durch einen Umweg, den du fahren musstest.

Deinen Wagen hast du nun beim Kunden geparkt. Hier kann es mit der ersten Anerkennung schon losgehen. Hä, beim Parken? Ja, genau da kann es schon anfangen!

Was gibt es nach einer anstrengenden Autofahrt noch Schlimmeres als einen Parkplatz zu suchen?

Gut, da fällt einem sicher etwas ein. Doch nehmen wir mal hier den Parkplatz.

Der Kunde, den du in diesem Beispiel besuchst, der hat weiter gedacht als viele Unternehmen. Denn bei ihm können die Lieferanten und Kunden direkt vor der Tür parken. Die Chefs und Mitarbeiter parken „auf der anderen Seite“!

Denn sie haben erkannt, dass es ein Teil der Wertschätzung und Anerkennung für die eigenen Kunden und Lieferanten ist. Du steigst nun aus, schnappst dir deine Unterlagen und gehst zum Empfang oder direkt zu deinem Gesprächspartner. Dort wirst du mit einem strahlenden Lächeln begrüßt.

So, jetzt kommt die Sache mit der Anerkennung!

Bedanke dich bei der Dame am Empfang oder deinem ersten Gesprächspartner dafür, dass man direkt vor der Tür parken kann!

Denn es ist keine Selbstverständlichkeit, dass Unternehmer daran denken, ihren Besuchern das zu bieten. Vor allem klingt das auch gar nicht so blöd wie du jetzt vielleicht denkst.

Sage es deinem Gesprächspartner, sage ihm, wie gut das tut nach so einer Autofahrt. Bringe das ehrlich und vor allem aufrichtig rüber. Dein Kunde wird sich darüber freuen, wenn du dich dafür bedankst!

Denn erstens tun das nur sehr wenige!
Zweitens ist es ein Lob an ihn!
Drittens ist es eine Bestätigung, dass er die richtige Entscheidung mit den Besucherparkplätzen getroffen hat!

Das ist eine (von vielen) wahren Formen der Anerkennung!
Was soll diese Kleinigkeit? Es ist keine Kleinigkeit!
Ich kenne es zu Genüge, am Arsch der Welt parken zu müssen!

Denke auch daran, wenn du ein eigenes Unternehmen hast. Der Kunde ist das Wichtigste für dein Unternehmen, also sollte er auch die besten Parkplätze bekommen!

Schritt zurück zu der Dame am Empfang, die dich immer so freundlich begrüßt. Auch hier kommen wir zur Anerkennung. Bedanke dich öfter mal dafür, dass man dich so freundlich begrüßt. Sage ihr, wie gut dir das tut nach einer solchen Anreise.

Mache ihr ein echtes aufrichtiges Kompliment dafür!
Es wirkt Wunder!

Solltest du selber ein Unternehmen haben mit einem Empfang. Dann suche dir den freundlichsten Mitarbeiter heraus, den du hast! Bezahle ihn sehr gut, denn er oder sie ist das Tor zum Kunden!

Denke mal an die vielen Drachen da draußen, die du selber schon an vielen Empfangstheken oder beim bezahlen an einer Kasse erlebt hast.
Die vertreiben dir die Kunden. Die dürfen da nicht hin, denn die versauen dir den Umsatz und die guten Beziehungen zu deinen Kunden!

Die Mitarbeiter, die den ersten und letzten Kontakt zum Kunden haben, sind die wichtigsten Visitenkarten für dein und jedes Unternehmen!

Wenn man dich gut und wertschätzend behandelt, dann bedanke dich so oft du kannst dafür. Ich selber habe das mit der echten Anerkennung erst spät in meinem Leben gelernt.

Beigebracht hat es mir Claudia Scherzinger, mein Coach. www.scherzinger-coaching.de

Ja, auch ich lasse mich coachen. Auch ich brauche mal den Tritt in den Hintern, darf, will und werde noch viel lernen!

Danke sagen oder echte Anerkennung zum Ausdruck bringen, ist ein großer Unterschied. Da kommt es auch drauf an, „wie" man es sagt, wie es klingt.
Wenn du dir das gerade nicht vorstellen kannst, dann rufe mich an. Man kann es am Telefon hören! Probiere es gerne aus!
Telefon: 04471- 913 840
Mobil: 0171 - 49 49 222

Als ich das endlich kapiert habe, mit der echten Anerkennung, da hat es mich selber erstaunt.
Wirklich, ich konnte es kaum glauben, dass es so einen großen Unterschied macht, wie mein Gegenüber reagiert, wenn ich nur eine Kleinigkeit in der Sprache ändere.

Jetzt kommt noch etwas Schönes hinzu.
Kannst du dir vorstellen, wie die Menschen reagiert haben, als ich das mit der Anerkennung kapiert habe und vor allem richtig angewendet habe?
Ihre Augen wurden vor Freude so groß wie man das nur noch von Kinderaugen kennt. Es lief ihnen ein wohliges Gefühl den Rücken herunter.

Sie waren happy, begeistert, einfach anerkannt!

Um Anerkennung dreht sich doch so viel im Leben. Von Kindesbeinen an bitten wir um Anerkennung. Damals als Kind bei den Eltern, bei Freunden. Dann in der Schule bei den Lehrern usw.

Erinnere dich mal daran, als du echte Anerkennung bekommen hast. Meistens ist das ganz lange her. War es in deiner Kindheit? Was hast du empfunden?
Du hast gestrahlt über das ganze Gesicht, deine Augen waren groß, dein Körper hat sich aufgerichtet und gespannt. Du fühltest dich einfach gut und warst ein „Kleiner Held“!

Halte daran fest, wende wahre Anerkennung überall an, wo sie andere auch verdient haben. Das kann schon die Frau im Supermarkt sein. Die Menschen, die für dich mitten in der Nacht aufstehen, um dir die Zeitung vor die Tür zu legen. Die Männer von der Müllabfuhr.
Es kann dein Kollege sein, der immer ein offenes Ohr für dich hat. Deine Frau/Dein Mann, deine Familie und und und!

Wenn also der Umsatz bei dir stimmen soll, dann denke immer daran!

ALLES
KNOW HOW
INFOS

Wer kann was am besten!

(Oder auch: Jäger und Berater)

Kennst du die typische Verkaufsgebietsaufteilung in Unternehmen mit Außendienstmitarbeitern? Gerne nenne ich es auch „Draußendienst“, denn man ist ständig auf Achse.

In meiner „Draußendienstzeit“ habe ich immer zwischen 70.000 und 80.000 Kilometern im Jahr gemacht. Das härteste Jahr hatte 120.000 Kilometer! Da habe ich im Auto gewohnt.

Typisch für die Gebietsaufteilung ist, dass ein Außendienstmitarbeiter in einem klar festgelegtem Gebiet unterwegs sein soll. Das heißt, er ist für alle bestehenden Kunden in seinem Gebiet zuständig sowie für die Neukundengewinnung.
Neben dem Verkauf ist man allerdings auch immer Mädchen für alles. Man muss sich um Reklamationen kümmern oder Rechnungen, die vom Kunden nicht bezahlt werden. Da wird falsch angeliefert, zu spät oder gar nicht.

Der Außendienst wird vom Kunden bemüht, sich um alles zu kümmern.
Denn der Kunde macht nun mal den Umsatz! IMMER!!!

Nun war ich selber für verschiedene Unternehmen im Außendienst unterwegs. In meinen 15 Jahren auf der Straße habe ich immer wieder Kontakte zu anderen Außendienst-Teams gemacht.

Doch in 15 Jahren habe ich kein Unternehmen getroffen, das seine Mitarbeiter im Außendienst auch wirklich nach ihren echten Fähigkeiten und Stärken einsetzt, kein einziges.

Wenn du ein Unternehmen kennst, dann rufe mich bitte sofort an: 04471 – 913 840 / 0171 – 49 49 222

Jeder soll immer schön in seinem Gebiet und bei allen typischen Aufgaben bleiben. Doch es gibt wie schon beschrieben immer wieder die Situation, dass manche Verkäufer mit einem Kunden einfach nicht „warm werden", die Chemie einfach nicht stimmt.

Was passiert dann?

Langsam und schleichend geht dem Unternehmen Umsatz verloren. Schlicht und einfach aus dem Grund, dass die Verbindung zwischen Verkäufer und Kunde einfach nicht stimmig ist.

Klar gibt es Produkte, die ein Kunde immer auf Dauer von selbst bestellt, eben aus dem Grund, dass er diese jeden Tag benötigt. Doch was ist mit neuen Produkten, die der Verkäufer für den Kunden hat? Diese brauchen oft Erklärungen und Präsentationen durch den Verkäufer.

Ist jedoch die Beziehung, die Verbindung, dass Vertrauen zum Kunden nicht optimal, dann hast du es als Verkäufer deutlich schwerer, den Entscheider in dem Unternehmen zu überzeugen.

Doch wenn man das erkannt und verstanden hat, ist es doch ganz einfach dort mal einen anderen Außendienstmitarbeiter hinzuschicken. Einer der „besser zum Kunden passt"! Leider suchen sich die Unternehmen dazu immer selber die einfachsten Ausreden, warum das NICHT geht:
Die Abrechnung von Provisionen ist schwieriger, der Außendienstkollege müsste länger fahren und so weiter. Eine Ausrede jagt die nächste!

Doch was nun die Gebietsaufteilung und Betreuung der Kunden betrifft, kann ich noch einen oben drauf legen.

Kennst du die verschiedenen Verkäufertypen, die am liebsten gar nicht verkaufen?

Ja, du liest richtig. Verkäufer, die am liebsten gar nicht verkaufen. Außer der Kunde kauft wirklich ganz von selbst. Wie kann der dann Verkäufer sein?
Tja, das frage ich mich auch oft, vor allem wenn ich ein Geschäft betrete und sehe da nur „Warenbewacher“ statt Verkäufer.
Doch bleiben wir beim Beispiel Außendienst.

Da gibt es den „Jägertyp-Verkäufer“.

Seine größte Stärke und vor allem auch seine größte Lust, ist es für das Unternehmen neue Kunden zu finden, „zu jagen“.
Diese zu überzeugen, die Produkte seines Unternehmens zu kaufen. Er ist einfach scharf darauf, immer wieder neue Kontakte, neue „Beute“ zu machen. Das macht ihm am allermeisten Spaß, da ist er in seinem Element. Da kommt er am meisten auf Tour, hierbei ist er einfach richtig gut!
Das lieben die Kunden an ihm, seine Überzeugungskraft, sein Engagement, sein Dranbleiben, seinen Willen!

Doch dieses Talent kann ein „Jäger-Typ“ leider selten ausleben. Zum einen durch sein begrenztes Gebiet und somit eine begrenzte Anzahl an Neukunden, die zurzeit für ihn und sein Unternehmen möglich sind.
Zum anderen durch die vielen anderen Aufgaben, die er zu erledigen hat. Die ihm jedoch ohnehin nicht liegen und für die er viel mehr Zeit, Energie und Kosten aufwenden muss als andere, die es besser können als er.

Man gibt ihm leider nicht die Zeit, sich auf sein Neukundengeschäft zu konzentrieren.
Würde man das tun, dann wäre sein Erfolg und der für das Unternehmen größer.
Ein Jäger ist nun mal zum jagen da!

Dann gibt es den „Betreuertyp-Verkäufer“.

Der ist einsame Spitze darin, genau das zu tun, worauf der „Jägertyp“ keine Lust hat.
Er liebt es förmlich, sich mit Schwierigkeiten auseinander zu setzen. Es gelingt ihm, das Tagesgeschäft mit all seinen üblichen Aufgaben, die nichts mit dem direkten Verkaufen zu tun haben, wunderbar zu bewältigen.

Er kennt die internen Wege im eigenen und im Unternehmen seiner Kunden, hat dort beste Kontakte. Doch neue Kunden zu kontaktieren, dazu fehlt ihm oft die Lust, vor allem der Mut. Dazu ist er nicht der Typ, das ist eben nicht sein Talent.

Wenn Kunden sich von selbst im Unternehmen melden und Anfragen zu Produkten haben, dann ist er zur Stelle.
Dann fährt er gerne hin und hat auch nicht das Gefühl, dem Kunden etwas aufdrängen zu müssen. Er kann ganz locker beraten, beraten, beraten.

Doch den Sack zumachen, den Abschluss mit dem Kunden herbeiführen, das fehlt zu oft bei ihm.

Wenn es jedoch mit dem Kunden auch noch zu einem Preisgespräch kommt, dann ist der Berater meistens am untersten Level. Er gibt zu oft den größten Nachlass, den er geben „darf".

Was beim „Jägertyp" wiederum ganz anders ist. Der kann verhandeln, der hat die richtigen Argumente, wenn es um den Preis geht.

Vor allem hat er auch den Mut, mal dagegen zu halten!

Dass wir uns da richtig verstehen, beide sind nette Typen und Menschen. Doch wenn ein „Beratertyp“ verhandeln muss, dann bringt er schlechtere Ergebnisse als der „Jägertyp“, das ist einfach Fakt.

Andersherum ist der „Jägertyp“ eben auch nicht so diplomatisch und geduldig, wenn es um Schwierigkeiten geht, die beim Kunden auftauchen. Da fehlt ihm einfach die Geduld, er denkt oft:
„Was habe ich damit zu tun?“ „Was kann der Außendienst dafür, wenn Lieferungen unpünktlich kommen, Produkte falsch sind oder defekt?“

Nichts, kann er dafür. Doch in der Regel muss er sich auch noch um die Abwicklung dieser Schwierigkeiten kümmern.

Beweisen kann ich es hier nicht, doch ich bin aus eigener Erfahrung überzeugt, dass Unternehmen richtig viel Geld verbrennen, wenn sie ihre Verkäufer nicht nach deren echten Fähigkeiten und Talenten einsetzen!

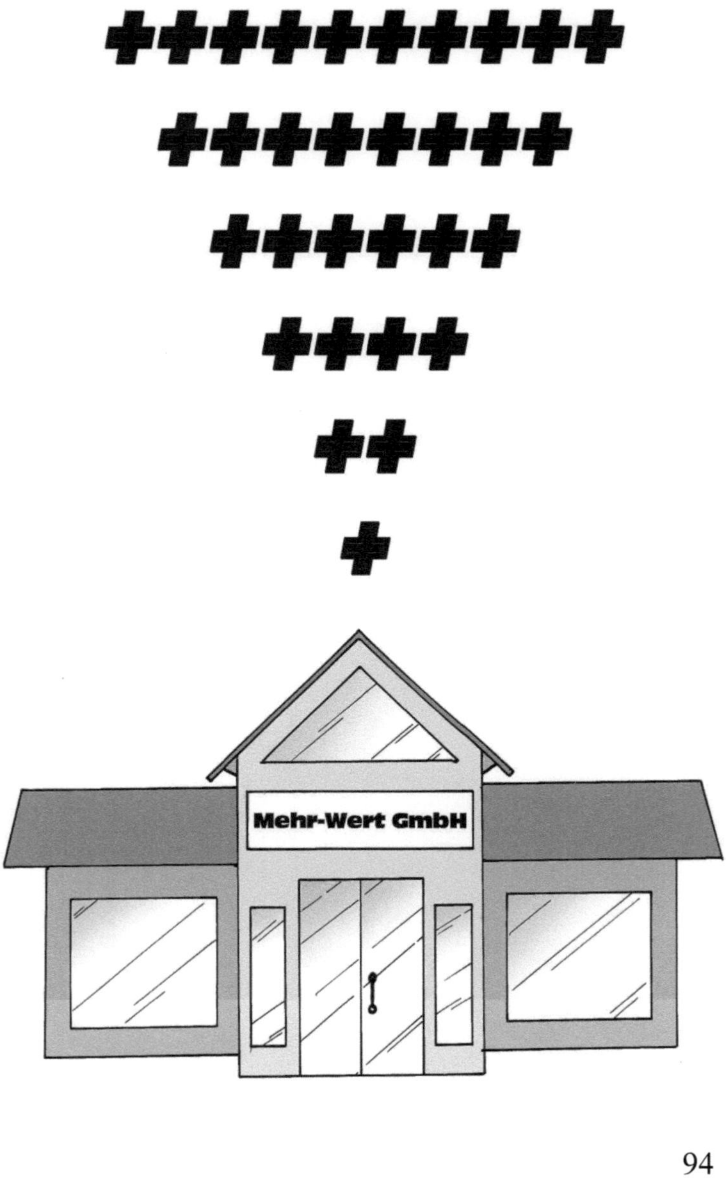
Mehr-Wert GmbH

Die Mehr-Werte des Unternehmens!

Wann hast Du das letzte Mal ein Unternehmen betreten oder bist anderweitig mit ihm in Kontakt gekommen, wo du danach gedacht hast:
„WOW! Das habe ich schon ewig nirgendwo mehr erlebt!"

Ja, die meisten Leser – ich tippe auf 80 % bis 90 % - müssen nun etwas länger überlegen. Das ist leider in Deutschland normal. Denn wir leben immer noch in einer Servicewüste!

Die meisten Unternehmen haben Mehr-Werte, könnten echten Service bieten. Sie sind sich leider nur nicht darüber im Klaren oder einfach blind, diese Mehr-Werte zu sehen und wie wichtig echter Service ist.

Nur 9% deiner Kunden kaufen gar nicht oder kein weiteres Mal wegen deiner Preise!
Doch 69% deiner Kunden kaufen gar nicht oder kein weiteres Mal wegen deines Services!!!

An dieser Stelle betone ich gerne, dass ich selber viel über Mehr-Werte gelernt habe. Das war in einem Seminar von Josua Fett.
„Die Mehr-Wert Strategie" ist ein wunderbares Buch. Siehe Buchempfehlungen hinten.

Was ist überhaupt ein sogenannter Mehr-Wert?

Kennst Du folgende Situation?
Du fährst mit Deinem Wagen zu einem Unternehmen, suchst den Haupteingang und einen Parkplatz. So, wer bitte schön parkt direkt am Eingang?
Richtig, der Chef und die lieben Mitarbeiter! Ist das ein Mehr-Wert für dich als Kunde?
Nö, ist es nicht!

Dafür kannst du was für deine Fitness tun, du parkst nämlich deinen Wagen am anderen Ende der Straße.
Hurra!

Wer sollte vor dem Haupteingang parken können?
Richtig: DER KUNDE!

Das noch viel größere Drama an der Sache ist, wenn du ein Unternehmen darauf aufmerksam machst. 80 % der Unternehmen versteht es sofort, doch ändern tun es wiederum nur 20 %! (Diese 20 % grüßen wir an dieser Stelle mal ganz herzlich von Vilfredo Pareto.)

Dass Kunden vor dem Eingang parken und den kürzesten Weg ins Unternehmen haben, ist bei einem Supermarkt ein völlig klares Ding. Da findest du die Autos der Mitarbeiter nicht!
Die haben es verstanden, mit dem Parkplatz einen klaren Mehr-Wert zu bieten!

Ich weiß, du fragst dich gerade, ob ein Parkplatz für ein WOW! schon ausreicht.
Nein, dass reicht natürlich nicht. Doch es ist ein guter Anfang an seinen Mehr-Werten zu arbeiten, sie den Kunden zu zeigen!
Zu verstehen:
„Der Kunde macht den Umsatz! IMMER!!!"

Nehmen wir mal den nächsten Mehr-Wert, der kostet noch nicht einmal etwas! Du kommst in ein Autohaus, schaust dich um zwischen den schicken glänzenden Wagen.
Alles piccobello! Tolle Ausstellung! Tolle Beleuchtung! Wahnsinnig teure Autos! WOW?

Na ja, so ein bisschen WOW! ist dir schon, denn du suchst schließlich ein neues Auto. Doch nun wartest du darauf, dass dich jemand freundlich anspricht.
Kleiner Tipp, warte nicht zu lange, sonst schließt man dich zum Feierabend noch mit ein!

In den meisten Fällen musst du derjenige sein, der sich einen Verkäufer sucht! Du als Kunde!

Du gehst zum sogenannten Counter, dahinter meist eine junge Dame, die jedoch zu oft mit ihrem Outfit nicht zum Ambiente der teuren Ausstellungshalle passt. Doch damit nicht genug, jetzt fängt das Drama erst richtig an.
Du sprichst sie freundlich an und was bekommst du zurück?
Diesen Blick der dir sagt:
„Ja bitte?“ - „Watt willste?“ oder „Wer stört?“

Du denkst jetzt, na da übertreibt der Thomas jetzt wieder etwas! Nö, leider nicht!
Logischerweise nenne ich die hier betroffenen Unternehmen nicht, doch ich habe es immer irgendwo in Deutschland selber erlebt!

Du kannst im Autohaus das Geld in der Tasche habe, du wirst es oft nicht los. Wenn du als Frau dort bist, dann ist die Katastrophe noch größer!

Auch dazu ein geniales Buch von Diana Jaffe:
„Der Kunde ist weiblich“ LESEN!
Siehe meine Buchempfehlungen hinten

Die meisten Autohäuser haben tolle Ausstellungshallen mit schicken Autos. Doch sie schaffen es einfach nicht, einen Kunden mit kleinen wichtigen Aufmerksamkeiten zu erfreuen. Ein herzliches „Hallo!“ oder „Willkommen – schön, dass Sie da sind!“
Fehlanzeige!

Da gibt es zum Teil sogar Nespresso Kaffeeautomaten und Ledersofas, doch in den meisten Fällen scheinen auch das nur Ausstellungsstücke zu sein.
Den Mehr-Wert eines offenen, freundlichen Lächelns suchst du oft vergebens!

Ich schlich einmal eine Viertelstunde um einen fast 70.000 € Multivan T5 herum, schwarz, Leder, Breitreifen, Automatik, mit allen Extras! Dann kam tatsächlich ein Verkäufer in ausgeleierten Klamotten heran (die Hände vergrub er in seinen Hosentaschen!).

Seine erste Frage war: „Kann ich Ihnen helfen“?
(Ach, was für eine spannende Frage.)

Ich sagte ihm: „Sie können es ja mal versuchen!“

Da sagt er mir doch glatt:
„Ich weiß ja nicht, wofür sie sich interessieren!"

Uuuaahhh, wo drücke ich mir denn gerade die Nase platt???

Dann hatte er mir erzählt, mit welcher Technik der Wagen geschweißt ist, diesen ganzen technischen Kram, der keinerlei Emotionen auslöst. Doch der Verkäufer kam gar nicht auf die Idee, mich in den Wagen zu schubsen, so dass ich das Leder riechen konnte!

Hiiiilllfeeee, wo sind die Mehr-Werte?

(Achtung Werbepause: Das Autohaus Oestreich in Wuppertal hebt sich deutlich von anderen ab. Siehe meine Unternehmensempfehlungen hinten!)

Wie so oft im Leben zählen auch hier die Kleinigkeiten. Was nützt dir in deinem Unternehmen das schönste Parkett am Fußboden, wenn an der Zentrale ein Drache sitzt und die Kunden verscheucht? Nichts!

Was nützt dir ein Verkäufer, der die Kunden auf die immer gleiche langweilige Art und Weise anspricht?
Nichts!

Es gibt so viele Mehr-Werte, die schon da sind und noch nicht einmal extra Geld kosten. Sieh dir dein Unternehmen einmal aus der Sicht eines Kunden an.

Suche in allen Ecken nach Mehr-Werten! Wenn ihr meine Unterstützung möchtet, ein Anruf und wir können loslegen!

Kümmere dich um deine Kunden, bevor es andere tun! Biete ihnen echte sofort spürbare Mehr-Werte, denn die machen den entscheidenden Unterschied zum Wettbewerb!

Stefan, einer meiner Teilnehmer in einem Training, berichtete mir einmal, er habe bei einer Bäckerei ein Schild gesehen auf dem Stand:
Angenehm – Anders – Als - Andere!

Ich dachte: WOW!
Fragte ihn gleich, was denn so anders sei. Das wusste er leider noch nicht, denn er hatte bisher nur das Schild gesehen. Ich bat ihn also, wenn er mal wieder dort vorbeikommt, doch hineinzugehen und mal zu fragen.

Er tat es und das Ergebnis überraschte mich total!

Man hat ihm tatsächlich geantwortet:
„Wir backen jeden Tag frisch!“
(Da wäre ich nie selber drauf gekommen!)

„Wir haben eine große Auswahl!“
(Echt?)

„Wir sind freundlich!“
(Na, zum Glück!)

Also, das reicht leider nicht für echte Mehr-Werte!

Das verlangt heutzutage jeder Kunde!
Das ist völlig NORMAL!!!
Das ist Standard für jede Bäckerei!

Damit begeistert man doch keine Kunden!

Deine eigenen
Mehr-Werte!
Dein ganz
besonderes Können!
Deine ganz
persönlichen
Stärken!

Schreibe dir das bitte direkt hier rein!
Dann brauchst du es nie mehr suchen!

Welche Dinge kannst du wirklich besser als jemand anderes?

Wie telefonierst du - lächelst du bevor du zum Hörer greifst?

Wie bist du wirklich drauf, wenn der Kunde vor dir steht - wie begrüßt du ihn?

Wie reagierst du bei auftretenden Unklarheiten?

Siehst du dein Unternehmen oft mit den Augen des Kunden – was siehst du dann?

Welche Mehr-Werte siehst du noch?

Traust du dich wirklich, deine eigenen Mehr-Werte zu leben und dem Kunden zu zeigen?

Traust du dich, ihm klar vor Augen zu führen, worin du der Profi bist?

Wenn ich mit meinen Teilnehmern im Training über ihre persönlichen Stärken und Mehr-Werte spreche, höre ich oft:
„Man soll sich doch nicht so in den Vordergrund stellen."
„Das ist doch angeberisch wenn man betont, dass man etwas besonders gut kann."
„Das kommt sicher nicht so gut beim Kunden an."
„Dazu muss man erst einmal den Mut haben."

Viele trauen sich leider nicht zu sich selbst zu stehen. Sie trauen sich nicht zu zeigen, dass sie ein klasse Typ sind.
Warum ist das so? Warum sind wir in diesen Dingen zu oft zu bescheiden?

Als Kind hatten wir alle grenzenloses Selbstvertrauen. Alles war möglich! Wir konnten König werden, Millionär, Raumfahrer, Zugführer, Prinz/Prinzessin. Im Laufe unserer eigenen Entwicklung wurde es uns Stück für Stück weggenommen!

Denn man hat uns eingetrichtert:
-Das kannst du nicht!

-Das darfst du nicht!

-Das ist nichts für Dich!

-Du bist ein Junge!

-Du bist ein Mädchen!

-Schuster, bleib bei deinen Leisten!

-Dafür hast du kein Talent!

-Du doch nicht!

-Du musst realistisch bleiben!

Doch es gibt einen wunderbaren Grundsatz:
Handle mutig und du wirst mutig!
Du musst erst Dinge tun, die du dir nicht zutraust, doch du tust sie trotzdem:

-Du traust dich nicht, eine Rede vor mehr als 20 Menschen zu halten?! *Doch du tust es trotzdem!*

-Du traust dich nicht, deinen Chef um eine Gehaltserhöhung zu bitten?! *Doch du tust es trotzdem!*

-Du traust dich nicht, die Frau in der Bar anzusprechen?! *Doch du tust es trotzdem!*

-Du traust dich nicht, als erster vor der Gruppe zu sprechen?! *Doch du tust es trotzdem!*

-Du traust dich nicht, eine neue Aufgabe anzunehmen?! *Doch du tust es trotzdem!*

-Du traust dich nicht, deinen Partner zu verlassen?! *Doch du tust es trotzdem!*

-Du traust dich nicht, deinen krebskranken Verwandten zu besuchen?! *Doch du tust es trotzdem!*

-Du traust dich nicht, in einem Meeting aufzustehen*?! Doch du tust es trotzdem!*

Nur wer sich selbst als "perfekt" annimmt, kann Erfolg haben! Jeder Mensch definiert Erfolg für sich persönlich anders. Das, was die meisten erfolgreichen Menschen verbindet, ist der Glaube an sich selbst und die eigene Vision – trotz aller Schwierigkeiten und Rückschläge!

Fange doch mal an und entdecke deine Mehr-Werte und Stärken!

Wusstest du, dass ein Viertel der Deutschen nur wegen des Gelds arbeitet? Nur ein weiteres Viertel freut sich jeden Tag auf den Job. Kein Wunder, dass die, die wegen des Geldes arbeiten, weniger Umsatz mit ihren Kunden machen.

Denn die Kunden spüren das ganz deutlich! Die kaufen dann lieber woanders.

In Italien freut sich nur jeder fünfte auf den Job. Jeder dritte Italiener macht es nur des Geldes wegen. Die Skandinavier liegen viel weiter vorne! 42 % der Schweden und 40 % der Norweger freuen sich auf ihren Job!

Nur 16 % der Norweger und 17 % der Schweden machen es wegen des Geldes!
(Untersuchungen von StepStone)

Warum ist das bei den Skandinaviern anders?

In Skandinavien sind Schulen Orte mit familiärer Atmosphäre und jeder Menge Lern-Angeboten. Skandinavische Lehrer sehen in Kindern vor allem kompetente und einzigartige Menschen, die schon viel Wissen und Können, wenn sie in die Schule eintreten.
Jedes Kind, so ist man überzeugt, ist anders und jedes hat andere Fähigkeiten. Das soll als Vorteil entdeckt werden, nicht als Abweichung, die korrigiert werden muss. Da hörst du von keinem:

-Das kannst du nicht!

-Das darfst du nicht!

-Das ist nichts für Dich!

-Du bist ein Junge!

-Du bist ein Mädchen!

-Schuster, bleib bei deinen Leisten!

-Da-für hast du kein Talent!

-Du doch nicht!

-Du musst realistisch bleiben!

Hinzu kommt, dass Pädagogen in Skandinavien ein höheres Ansehen genießen als hierzulande. Das beginnt bereits im Kindergarten. Wer als Erzieher in einem Kindergarten oder einer Vorschule arbeiten möchte, muss ein Abitur nachweisen und wird an der Universität ausgebildet.
Dabei ist es so wichtig, dass jeder Mensch sein individuelles Potenzial entdecken und darauf aufbauen kann – je früher desto besser. Wichtig für den Einzelnen, das persönliche Lebensglück. Wichtig jedoch auch für unsere ganze Gesellschaft, für den Wirtschaftsstandort Deutschland.

Zeige Deine Mehr-Werte!!! Tu es für deine Kunden, dann tust du es gleichzeitig für dich!

„Tun Sie jeden Tag das, was Sie am besten können?“
Das Gallup Institut hat diese Frage 3 Millionen Beschäftigten in 40 Ländern gestellt.

Das erschreckende Ergebnis: 80 % der Befragten haben das Gefühl, für die Aufgabe, die sie derzeit erfüllen, zumindest teilweise eine Fehlbesetzung zu sein!
Leider wird Deutschland wieder einmal als Negativbeispiel herangezogen. Nur jeder sechste Arbeitnehmer sei hierzulande „engagiert“, also wirklich für den Kunden da und will gute Qualität abliefern.
„Dienst nach Vorschrift“ - so lautet die Devise der meisten.
Logo, dass wir da den Titel:
„Servicewüste Deutschland“ als Stempel tragen!

Das Institut beziffert den aus dem fehlenden Engagement am Arbeitsplatz resultierenden gesamtwirtschaftlichen Schaden aus schwacher Mitarbeiterbindung, hohen Fehlzeiten und niedriger Produktivität auf jährlich rund 220 Milliarden Euro!!!

Wahnsinn 220 Milliarden! Die Größenordnung des gesamten deutschen Bundeshaushaltes von 2009 waren 303 Milliarden.

Eine mögliche Ursache dafür haben wir bereits entlarvt. Die fehlende Frühförderung von Talenten, von Stärken, von Mehr-Werten!
Ein Schulkonzept, das Schwächen statt Stärken in den Vordergrund stellt.

Doch es ist nie zu spät! Auf jeden Fall ist es nie zu spät für ein Stärken-orientiertes Leben!
Für deine ganz persönlichen Stärken und Mehr-Werte! Für deine echten Talente!

Wie sollen deine Kunden deine Fähigkeiten erkennen und vor allem schätzen, wenn du diese selber gar nicht genau kennst und richtig einschätzt?

Mache also einen mutigen Schritt nach vorn. Zeichne dir ein ehrliches Bild:
(Schreib es dir gleich hier rein!)

Was kannst du besonders gut?

Was schätzen Menschen an dir besonders?

Was willst du wirklich an dir verbessern?

Was ist Erfolg für dich?

Was ist deine Vision?

Was motiviert dich?

Was willst du wirklich erreichen in deinem Leben?

Baue deine Stärken aus, kultiviere diese!
-Durch Wissen und Können!
-Lese Bücher!
-Höre Audioprogramme!
-Besuche Trainings, Seminare!
-Nutzte das Internet als Bildungsplattform!
-Bringe deine Stärken an deinem Arbeitsplatz ein!
-Lasse dich ganz individuell coachen! (Auch ich habe einen Coach, Claudia Scherzinger!)

Setze dir Ziele!
-Beachte, dass es dein eigenes Ziel ist! (Es sollte nicht fremdbestimmt sein.)

-Maximal 3 Ziele haben Priorität!

-Wichtig ist, dass du dir dafür den Arsch aufreißt! (Bei einem Einkommen von 50.000 € / Jahr kann man in drei Jahren kein Millionär werden!) Da musst du deutlich mehr für tun!

-Dass du mit aller Konsequenz dahinter stehst!

-Du brauchst immer andere Menschen für die Verwirklichung deiner Ziele, baue dir ein Team!

-Visualisiere deine Ziele!

-Trage dein Zielfoto im Kopf!

-Suche dir die bestmögliche Unterstützung!

-Wer kann dich unterstützen, deine Ziele zu erreichen?

Wenn du dazu noch ein paar Tipps möchtest, sende mir einfach eine E-Mail: info@thomas-reich.com

Erstelle einen Aktionsplan!

-Tue das möglichst gleich!

-Wie wirst du es angehen?

-Welchen Zeitrahmen benötigst du?

Noch ein paar wichtige Tipps:

Wie groß deine Ziele, deine Visionen auch sind – behalte immer einen klaren Kopf!

Durchhalten um jeden Preis kann dumm und vor allem gefährlich sein!

Stelle deine Ziele daher immer wieder auf den Prüfstand, doch verliere das Wichtigste nicht aus den Augen.

DEINE Stärken einzusetzen ist die Grundlage für ein zufriedenes Leben!

Vergleiche dich nicht mit anderen! Denn du kannst gar nicht so sein wie der andere. Jeder ist ein Unikat, jeder hat seine persönlichen Stärken und Talente, jeder hat einen anderen Weg!

Erzähle bitte nicht jedem deine Ziele!

7%
30%

Mit wirksamer Kommunikation zum Ziel!

Als ich es zum ersten Mal hörte, war auch ich sehr erstaunt! Es wird alles mögliche untersucht, von Instituten, Universitäten, Forschern usw..

Zum Thema Kommunikation hat man unter anderem mal Folgendes untersucht. Man wollte herausfinden, wie viel von dem, was man sagt, bei den Zuhörern nach zwei Stunden noch im Gedächtnis ist.
Bevor du weiter liest, gib doch mal deinen Tipp ab!

Es ist wirklich kaum zu glauben:
Von dem was man so redet, bleiben dem Zuhörer vom Inhalt nur 7 % im Gedächtnis (gemessen nach zwei Stunden!), 93 % haben sie vergessen!
Da lohnt es sich kaum zu reden!

Doch die gute Nachricht ist:
Von deiner allgemeinen Wirkung, deinem Eindruck, bleiben dem Zuhörer 30 % (gemessen nach zwei Stunden!) im Kopf!

Es geht aus meiner Erfahrung in der Rhetorik und Kommunikation immer um:

W I R K U N G

W I R K U N G

W I R K U N G

Es ist Fakt!
Wirksame Rhetorik und Kommunikation gehört in jedes Business!

Nun denke mal an Gespräche, die man so tagtäglich führt oder bei denen man anderen Menschen zuhört. Da graust es mir oft, denn es ist einfach keinerlei Verbindlichkeit darin zu erkennen.

Es wird mit Weichmachern, Worthülsen und unglaubhaften Werbeausdrücken daher geredet, dass es einen nicht wundert, wenn so viele Dinge im Leben scheitern, bevor sie überhaupt richtig begonnen haben!
Da wird um den heißen Brei geredet, rumgeeiert, da kommt kaum jemand auf den Punkt.

Da macht dann auch kein Kunde Umsatz! Denn zu vieles ist einfach nicht glaubhaft für ihn!

„Lieber Kunde, möchten sie sich vielleicht über die innovativen Produkte unseres dynamischen, zukunftsorientierten Unternehmens beraten lassen?“

„Lieber Kunde, wir haben eigentlich die optimalen Preis-Leistungsverhältnisse!“

„ … dynamisch, innovativ, modifizieren, effektiv, flexibel, effizient, optimal, vielleicht, ein bisschen, etwas, einige, es gibt, und so weiter, ich würde gerne, ich möchte gerne, ich glaube, aber, möglicherweise, eventuell, eigentlich, …“

Damit überzeugt man leider nicht! Da kannst du Glück haben, wenn der Kunde nicht mit Steinen nach dir wirft!

Doch warum ist das so, warum hört da keiner gerne hin und fällt dir vor Verzückung um den Hals? Gleich wirst du staunen, denn im Erdkunde-Unterricht hast du bereits vor vielen Jahren die Erklärung dafür bekommen!

Denke jetzt einmal an einen Eisberg! Der schwimmt irgendwo im Wasser. Wie es bei Eisbergen nun mal so üblich ist, schaut oben über der Wasseroberfläche der weitaus kleinere Teil heraus (für unser Beispiel nehmen wir mal 10 %). Wir als Europäer wissen das aus der Schule, du sicher auch. (Manche wissen es auch seit dem Film Titanic!)

Nun stelle dir einen Menschen vor, sagen wir mal aus Papua-Neuguinea. Der ist mit dir gemeinsam zum ersten Mal in Grönland unterwegs. Dort seht ihr einen Eisberg, der im Wasser schwimmt.

Dir ist klar, dass du nur die Spitze des Eisberges siehst und etwa 90 % unter dem Wasser verborgen sind. Der Mensch aus Papua-Neuguinea wird jedoch denken, dass der Eisberg ähnlich wie das Schiff, mit dem ihr unterwegs seid, „auf dem Wasser schwimmt".

Was haben nun Eisberge mit wirksamer Rhetorik und Business zu tun?
Ganz einfach, sie erklären ein Phänomen!

Denn du kannst das Bewusstsein des Menschen mit einem Eisberg vergleichen. Was über der Wasseroberfläche vom Eisberg zu sehen ist, das ist unser waches Bewusstsein. Das ist die sogenannte Logik, auf die wir Menschen so stolz sind.
Das können wir sehen, messen, anfassen. Das halten die meisten Menschen für die Wahrheit.
Viel mehr interessiert die meisten nicht.

Doch der weitaus größere Teil des Eisberges ist unterhalb der Wasseroberfläche. Den sehen wir nicht, doch er ist da. Das ist das Unterbewusstsein der Menschen, da werden alle Entscheidungen getroffen. ALLE, Ausnahmslos!
In der Logik, die über der Wasseroberfläche schwimmt, werden sie später dann begründet.

Entweder, dass man sich bestätigt, ja es war die richtige oder eben die falsche Entscheidung.

Denn wohin ein Eisberg schwimmt wird unter der Wasseroberfläche bestimmt, nicht darüber. Er wird immer von der Strömung des Wassers angetrieben, nicht vom Wind, der oben weht!

Jetzt hat das Unterbewusstsein eine ganz besondere Eigenschaft. Es kann nur zwei Dinge, mehr nicht. Doch genau diese zwei Dinge sind wichtig, um W I R K S A M zu kommunizieren und gutes Business zu machen!

Das Unterbewusstsein funktioniert nur über Bilder oder Gefühle. Mehr kann es nicht verarbeiten!
Bilder oder Gefühle!

Kennst du das aus Gesprächen? Da sagt der Verkäufer zu dir:
"Dieses Produkt hat ein gutes Preis-Leistungs-Verhältnis."

Diese schöne Worthülse (Preis-Leistungsverhältnis) landet im oberen Teil des Eisberges, im Logikteil. Was passiert, wenn Kunden dieses Wort hören, kennst du auch wieder aus deiner Erfahrung. Die meisten Kunden jubeln

und wollen sofort kaufen. Das funktioniert, das überzeugt.
Oder nicht?
NEIN, natürlich nicht!

Warum denn bitte schön nicht, ist doch so ein toller Begriff, der jeden Tag da draußen im Verkauf verwendet wird. Doch was für ein Gefühl wird bei dem Kunden ausgelöst? Was für ein Bild hat der Kunde vor seinem geistigen Auge?

Gefühle gleich null! Bilder gleich null oder bei jedem ein anderes!
Also wieder Unklarheit und fehlende Verbindlichkeit!

Oh, da fällt mir ein, ich muss dich mal eben was fragen. Bitte antworte laut auf meine Fragen, auch wenn ich jetzt gar nicht neben dir sitze!
Erste Frage:
„Wie heißt deine Mutter mit Vornamen?“

Zweite Frage: „Welche Farbe hat dein Sofa bei dir Zuhause“?
Danke für deine Antworten!

Jetzt noch mal kurz zurück. Welches Bild hattest du vor deinem geistigen Auge, als ich nach dem Vornamen deiner Mutter fragte?

Genau, deine Mutter! Klares Bild und sicher auch ein Gefühl!

Welches Bild hattest du vor deinem geistigen Auge, als ich nach der Farbe deines Sofas fragte? Genau, dein Sofa! Bild!

Es ist also immer möglich, bei dem anderen ein Bild oder ein Gefühl auszulösen. Wenn man das verstanden hat und so redet. Dann hat das, was du sagst, auch eine W I R K U N G!

Du bist Fachmann in deinem Thema und willst den Kunden mit Fachbegriffen überzeugen? Vergiss es!
Das hat wenig Wirkung, damit löst du keine Bilder oder Gefühle aus.
Ja, wenn dein Gegenüber auch Fachmann ist, mag er dich noch irgendwie verstehen. Doch überzeugen wirst du ihn damit nicht!

Meine Teilnehmer, die in ihrem Thema immer Fachleute sind, wundern sich da schon. Sind auch teilweise etwas pikiert, dass sie ihre so schönen Fachbegriffe weglassen sollen. Doch sie schaffen es dann mit etwas Übung, deutlich bildhafter und mit Gefühlen ihre Produkte zu präsentieren.

Mein Tipp: Rede so einfach wie möglich, dann hast du die größte W I R K U N G!

Rede so, dass es auch ein Sechsjähriger versteht. Dann sprichst du automatisch in der Bildersprache!

Ein geniales Buch dazu:
Vergessen Sie alles über Rhetorik!
Von Matthias Pöhm. Siehe meine Buchempfehlungen hinten.

Der Ton macht die Musik!

Jeder, der selber Verkäufer ist, ist auf der anderen Seite auch immer Kunde. Denn wir versorgen uns mit allem, was wir hier so brauchen nicht komplett selber. Wir brauchen dazu immer andere Menschen.
Nun sollte man denken, ist doch ganz einfach, jemandem etwas zu verkaufen. Schließlich kaufe ich ja selber auch jeden Tag irgendwo irgendwas ein. Da kann das Verkaufen doch gar nicht so schwer sein.

Bei mir hat sich in den letzten Jahren etwas sehr stark entwickelt. Ich kaufe nur noch dort, wo ich als Kunde auch wirklich wahrgenommen werde. Wo man sich freut, dass man mich als Kunde sieht.
Mein Geld, das ich verdiene, bekommen nicht mehr diejenigen, die mir einen miesen Service bieten, die mich nicht einmal anlächeln können, die kein nettes Wort für mich übrig haben.

Ich verlange ein: Bitte, sehr gerne! Schön, dass Sie unser Kunde sind!
Anstatt: Kein Problem! Dafür nicht!

Doch leider ist es immer noch zu selten in Deutschland!

Kennst Du das?
Ein anderer Mensch tut etwas Gutes für Dich. Du bedankst Dich bei ihm dafür. Was ist seine Antwort?
“Dafür nicht! / Kein Problem“!
Dabei machen die meisten noch eine abwinkende Handbewegung!

Mittlerweile kann ich es nicht mehr hören und sage es auch jedem, der mir diesem blöden, ausgeleierten Spruch entgegenbringt. Denn wenn man sich bedankt und der andere antwortet mit:
"Dafür nicht!"

Dann ist das, was er für mich getan hat, auch nichts wert! Derjenige verkauft sich persönlich zudem selber schlecht! Er hat keine positive Wirkung!

In Hamburg hatte ich mal folgendes schönes Erlebnis. Wenn ich dort bin, tanke ich immer an der gleichen Shell-Station. Eines Tages wurde ich von einem smarten, jungen Tankwart freundlich begrüßt.
Selber brauchte ich keinen Finger zu krümmen. Wir plauderten über die schönste Stadt der Welt (aus meiner Sicht), er tankte meinen Wagen voll, schaute nach Öl und Wasser, putzte die Scheibe.

Ich ging rein zum Bezahlen, stecke mir das Trinkgeld für den Burschen schon mal separat in die Hosentasche.
Als ich ihn draußen wieder traf, lachte ich ihn an und sagte:
„DANKE!“ (das Trinkgeld griffbereit!)
Was antwortete mir der Bursche?
"Dafür nicht!" Und winkte lässig ab!

Mein Geld blieb in der Tasche. Ich schaute ihn an und stellte folgende Frage:
„Willst du einen Tipp, wie du dein Trinkgeld erhöhen kannst?“
Er antwortet mit einem lauten: „JA!!!“

Dann sagte ich ihm ganz direkt:
„Lass diesen blöden Spruch weg!“ (Dafür nicht!)
„Stattdessen sagst du in Zukunft:
„Bitte, gerne geschehen!“ Dazu zeigst du mit einem schönen Lächeln auch noch deine Zähne!

Er versprach mir, es zu tun! Etwa vier Wochen später war ich wieder bei ihm.
Was glaubst du ist passiert?
Er hatte einen Trinkgeldumsatz von plus 130 %!!!

Wenn dieser Spruch auch zu deinem Sprachgebrauch gehört, wirf ihn weg!
Auch wenn du kein Tankwart bist!

Jeder, der keinen guten Service hat, bekommt von mir auch eine zweite Chance. Denn wenn mir der Umgang mit mir als Kunde nicht gefällt, dann spreche ich dies auch an. Doch wer es wiederholt nicht schafft, mich als Kunden zu begeistern, der hat Pech gehabt.
Meine Kohle bekommt dann ein anderer!

Denn auch ich gebe mir als Kunde immer die Mühe, nett zu sein und das anzuerkennen, was man für mich tut. Oft sage ich den Kassiererinnen an der Kasse, dass sie einen guten Job machen. Ich bedanke mich dafür, dass sie dort sitzen und ich um 20:00 Uhr noch einkaufen kann.

Mach das selber auch mal. Du wirst staunen, wie groß die Augen des anderen werden!

Alles auf Empfang!

Folgende Szene:
Mann und Frau sind mit ihrem Auto auf der Autobahn unterwegs.

Sie: „Da vorne kommt eine Raststätte, möchtest du einen Kaffee?"
Er: „Nö!" Fährt vorbei.
Sie: „Warum hast du nicht angehalten?"
Er: „Ich wollte keinen Kaffee!"
Sie: „Aber ich!"
Er: „Das hast du nicht gesagt!"

Na, hast du das schon mal selber so erlebt? Zumindest ist es den meisten nicht unbekannt.

Leider passiert das auch zu oft in Verkaufsgesprächen zwischen Verkäufer und Kunde. Wir vermuten, die Absicht des anderen schon zu kennen und glauben zu wissen, worauf er hinaus will. Man nennt das auch das „Ich weiß schon was jetzt kommt!"-Verhalten.

Verkäufer bieten viel zu oft ein Produkt an, obwohl sie noch gar nicht wissen, was der Kunde wirklich will! Warum tun sie das?

Sie hören nicht zu! Sie wollen ihr Fachwissen loswerden, das sie sich in so langer Zeit angeeignet haben.

Da wird in „Maschinengewehr-Manier“ geredet, dass es nur so kracht, bis die Munition alle ist.

Auch zu diesem Thema gab es eine Untersuchung!
Hierbei hat man das Gesprächsverhältnis, also die Redezeit von Verkäufer und Kunde, gemessen.
Du ahnst es schon, ich stelle dir die Frage:
„Was schätzt du ist dabei herausgekommen?“

Leider Folgendes: Der Verkäufer redet 70 %, der Kunde nur 30 %!

Das ist ein Verhältnis, das dringend umgekehrt werden muss. Denn sonst erfährst du nicht genügend über deinen Kunden!

Bitte achte immer darauf, was dein Kunde sagt und auch, wie er sich verhält. Stelle dir immer wieder die Fragen:

- Was empfindet mein Gesprächspartner?

- Sagt seine Körpersprache dasselbe wie seine Worte?

- Welche Interessen verfolgt er?

- Wie muss ich ihm jetzt begegnen?

Merke dir bitte:

Aktives Zuhören ist der Schlüssel zum Gesprächspartner! Das war schon immer so, dass bleibt auch immer so!

Das bedeutet für dich als Zuhörer, sich immer wieder neu auf den Kunden einzustellen.
Immer den Gesprächsverlauf aktiv verfolgen.

Bitte mache dir auch Notizen! Schreibe dir alles auf, was in irgendeiner Form wichtig sein kann.
Das Aufschreiben zeigt zudem deinem Kunden eine Wertschätzung ihm gegenüber. Du zeigst ihm dadurch, dass er für dich sehr wichtig ist.

Denn denke dran: Ohne Kunden kein Umsatz!

Hier sind weitere gute Argumente für das aufmerksame Zuhören:

-Nehme dir etwas Zeit und mache dir die Bedeutung der Aussagen bewusst.

-Besser einmal zu oft zugehört als einmal zu wenig.

-Viel Geld verdient man in den Berufen, bei denen man besonders aufmerksam zuhören muss.

-Wer redet, sagt viel – wer zuhört, versteht viel.

-Versteckte Bedürfnisse kannst du nur erkennen, indem du deinem Kunden gut zuhörst.

-Redner rutschen leichter aus als Zuhörer.

-Wir erreichen mehr, wenn wir zunächst gut zuhören, bevor wir anfangen, andere überzeugen zu wollen.

-Wer zuhört, erhält wertvolle Informationen und Hinweise.

-Zuhörer können bessere Argumente entwickeln als Menschen, die permanent reden.

Das 10 Punkte Programm für gutes Zuhören!

Frage dich als Verkäufer immer:

1. Was möchte mir der Kunde inhaltlich mitteilen?
2. Was sind seine Ziele, seine Motive?
3. Welche Gefühle bringt er zum Ausdruck?

Das solltest du als Verkäufer immer vermeiden:

4. Ziehe keine voreiligen Kategorisierungen und Typisierungen gegenüber dem Kunden (Schubladendenken!)
5. Ziehe keine vorschnellen Interpretationen gegenüber dem Gesagten!
6. Bringe keine Erwiderungen bevor das Gehörte verstanden wurde!

Hilfsmittel, die das Zuhören erleichtern:

7. Merkzettel unterstützen die Konzentration und das Gedächtnis!
8. Rückfragen unterstützen das „Zuhör-Ergebnis“!
9. Mit deiner Körpersprache kannst du eine zusätzliche Verbindung zum Kunden herstellen!
10. Telefon ausschalten oder umleiten zum Kollegen!

30
70
??????????

Was will er denn?
Was hat er denn?
Warum will er es?

Die meisten Verkäufer bieten Lösungen an, bevor sie wissen was der Kunde wirklich will! Ja, ich hatte es schon einmal geschrieben, doch es gehört hier wieder hin!

Bitte denke auch an das Verhältnis 70/30!
70 % soll der Kunde reden, nur 30 % der Verkäufer!

Wie bekommen wir als Verkäufer heraus, welchen Bedarf, welches Bedürfnis der Kunde hat?

Jeder Mensch, der ein Produkt kauft, erwartet sich davon einen Nutzen. Dieser Nutzen ist in vielen Fällen natürlich wieder völlig unterschiedlich.
Nehmen wir die Lebensmittel zum Hunger stillen einmal heraus!

Dieser Nutzen kann einmal im rationalen und einmal im emotionalen Bereich liegen. In den meisten Fällen überwiegen die emotionalen Wünsche an das Produkt.

Denke mal eben wieder an den Eisberg! Der Wunsch, das Produkt haben zu wollen, passiert im Bauch, im Unterbewusstsein (bei Hunger sowieso!).

Es ist eben ein gutes Gefühl, einen Anzug von Boss zu tragen oder das Ausrufezeichen von Joop! auf der Jeans zu haben, den Porsche, Audi oder Mercedes zu fahren, statt ein No-Name Produkt ohne das entsprechende Image zu besitzen!

Wo wir gerade beim Auto sind, meist wird mit dem Produkt auch ein ganz bestimmtes Lebensgefühl verkauft.

Steigen wir mal um auf zwei Räder, steigen wir mal auf eine Harley Davidson (ich leihe mir immer einmal im Jahr für ein Wochenende eine aus).

Wer eine Harley Davidson kauft, der kauft nicht ein Motorrad, sondern ein Lebensgefühl! Den Traum von Freiheit!

Mit einer Harley gehörst du gleichzeitig zu einer ganz speziellen Gruppe Gleichgesinnter. Diese lieben den Wind, die Straße und das Fahren, getreu dem Motto: „Nehme die nächste Ausfahrt – in unbekannte Weiten!"

Wenn du nun den echten Bedarf des Kunden herausgefunden hast, sollte dieser in deinem Verkaufsgespräch zu einer Bedarfsfestigung werden!

Denn ein Kunde kauft immer nur dann, wenn er glaubt dass es gut für ihn ist!

Hat er dieses Gefühl nicht, sind deine Chancen mit ihm ein Geschäft zu machen, deutlich geringer.

1
2
3
4
5

Alle Fünfe!

Jeder Mensch der etwas kauft, hat ein Bedürfnis, dass er mit einem Produkt befriedigt. Generell spricht man von 5 Grundbedürfnissen wenn es um den Bedarf geht.

Es sind die Faktoren:

- Sicherheit
- Wirtschaftlichkeit
- Bequemlichkeit
- Innovation
- Image

Diese 5 Faktoren treffen wir in fast jeder Branche immer wieder als Bedürfnisse der Kunden an. Die Art der Vermittlung ist zwar von Produkt zu Produkt verschieden, doch grundsätzlich verändern sie sich nicht.
Was sich verändert, ist die Relevanz/ Wichtigkeit, der einzelnen Faktoren. Der eine legt mehr Wert auf Sicherheit, der andere mehr auf das Image.

Nehmen wir mal folgendes Beispiel. Du willst ein neues oder auch gebrauchtes Auto. Was dir vorschwebt in deinen Träumen ist ein schicker Audi!

Oder nehme die Marke die dir gefällt!

Der Audi ist hier nun der Bedarf. Gleichzeitig willst du, unbewusst auch deine 5 Grundbedürfnisse stillen.

<u>Bedarf:</u>	Audi
<u>Bedürfnisse:</u>	
Sicherheit	War und ist immer schon Vorreiter
Wirtschaftlichkeit	Benzinsparende Motoren, hoher Wiederverkaufswert
Bequemlichkeit	Alle Instrumente da wo sie sein müssen, hervorragende Sitze
Innovation	Vorsprung durch Technik
Image	Markenname

Wichtig für jeden Verkäufer ist, dass Bedürfnis seiner Kunden zu kennen und darauf die Argumentations-Strategie abzuleiten!

Denn der Kunde kauft das Produkt um einen Nutzen zu haben! Beim diesem simplen Beispiel mit dem Audi, kann es sein, dass der Kunde durch den Audi seinen Status in der Gesellschaft deutlich machen will.

Nach dem Motto:
„Seht mal her, ich kann es mir leisten einen Audi zu fahren“!

Spreche als Verkäufer immer gezielt das stärkste Kaufmotiv des Kunden an!

Dann steigt die Chance, dass er den Umsatz bei dir macht, enorm!

FRAGE
FRAGE
FRAGE
FRAGE
FRAGE
FRAGE

Wer nicht fragt bleibt dumm!

Wie ermittele ich denn nun den tatsächlichen Bedarf?

Ganz einfach, so wie in der Sesamstraße:
Fragen, Fragen, Fragen!
Wer nicht fragt, bleibt dumm!

Leider denken die meisten Verkäufer, dass es mit einer oder maximal zwei Fragen schon geklärt ist. Doch wie so oft ist das ein Trugschluss. Du musst schon ein paar Fragen mehr stellen, um auch später bei eventuellen Einwänden gut gewappnet zu sein.

Die Vorteile einer guten Bedarfsanalyse liegen auf der Hand:

- Der Verkäufer erfährt den Bedarf des Kunden!
- Der Kunde erkennt seinen eigenen Bedarf!
- Der Verkäufer kann die richtigen Argumente auswählen!
- Der Kunde kann schneller Entscheidungen treffen!
- Das Gespräch kann effektiver betrieben werden!

Fragen gibt es natürlich REICHlich.

Die folgenden sind die typischen, nennen wir sie mal Standardfragen.
(Überlege und notiere dir einmal die typischen Fragen deiner Kunden, darauf kannst du deine Fragen aufbauen).

<u>Offene Fragen:</u>

Können nur mit ganzen Sätzen beantwortet werden. Durch diese Art von Fragen bekommst du schon mal eine ganze Menge Informationen.

Beispiel:

- Was bedeutet für Sie ...?
- Wie denken Sie darüber ...?

Offene Fragen sind die sogenannten „W"- Fragen: Wer, wie ,was, wann, wo, womit, wodurch.

Doch bitte aufpassen, es ist etwas Vorsicht geboten, denn der Kunde kann sich dadurch „verhört" fühlen!
Das mag ein Kunde natürlich gar nicht!

Geschlossene Fragen:

Können nur mit Ja oder Nein beantwortet werden. Dadurch können wir Bestätigung einholen und ggf. ein Gespräch lenken.

Beispiel:

- Bedeutet das für Sie ...?
- Denken Sie, dass ...?
- Möchten Sie ...?

So werden Dinge konkret. Vielleicht, eventuell, möglicherweise, mal sehen, usw., sind als Antwort fast gar nicht möglich.

Umformulierte Fragen:

Diese Frageform kannst du nutzen, wenn du Äußerungen des Kunden in eine positive Form umwandeln möchtest und um gleichzeitig die Bestätigung einzuholen, das Richtige verstanden zu haben.

Beispiel

- Mit anderen Worten ...?
- Wenn ich Sie richtig verstanden habe, dann ...?
- Könnte man sagen ...?

Dirigierende Fragen:

Mit Hilfe dieser Fragen führen wir den Kunden zu Themen, die uns den Anschluss näher bringen und nur selten Einwände hervorrufen.

Beispiel:

- Sie erwähnten vorhin, dass es gut wäre, wenn …?
- Ihr Wunsch wäre also in erster Linie …?

Rhetorische Fragen:

Diese Frageform kann zur „Aktivierung“ des Kunden genutzt werden. Sie gibt dem Kunden Raum/ Zeit zu reden.

Beispiel:

- Welche Vorteile ergeben sich für Sie also aus …?
- Was wäre die Konsequenz …?
- Was würden Sie in solch einem Fall Ihrem Freund raten …?
- Wenn Sie die Möglichkeit hätten …?

Motivationsfrage:

Diese Frageform kann unseren Gesprächspartner beeinflussen und aktivieren.

Beispiel:

- Was halten Sie mit Ihrer Erfahrung davon?
- Wie schaffen Sie es, immer so gut auszusehen?
- Man sagt, Sie sind in diesem Thema der Experte, was ist Ihr Tipp?

Gegenfragen:

Hilft dir als Verkäufer Zeit und weitere Informationen zu bekommen.

Beispiel:

Kunde: Wie weit können Sie mir mit dem Preis entgegenkommen?

Verkäufer: An was haben Sie denn gedacht? / Womit vergleichen Sie uns?

WICHTIG: Wenn der Kunde einen Preisnachlass erwartet oder danach fragt, immer VOR deiner Antwort die Kaufentscheidung klären!

Kontrollfrage/ Fangfrage:

Ziel dieser Frage ist unter anderem, die Übereinstimmung zu ermitteln. Damit kannst du eine Bestätigung des Kunden erhalten, ohne direkt zu fragen.

Beispiel:

- Wir können also davon ausgehen, dass …?
- Wenn wir uns in allen Fragen einig sind, kommen wir dann ins Geschäft?
- Sind Sie mit den Vorschlägen einverstanden?
- Habe ich Sie richtig verstanden, dass …?

Suggestivfrage:

Hierüber können wir den Kunden in gewisser Weise direkt beeinflussen.

Beispiel:

- Sie wissen doch auch, dass …?
- Sicher haben Sie auch schon davon gehört, dass …?
- Sie kennen sicher die neuesten Umfrageergebnisse …?

Alternativfrage:

Hier kann der Kunde zwischen zwei Antworten wählen.

Beispiel:

- Möchten Sie ohne oder lieber mit ...?
- Benötigen Sie eine normale oder eine besondere Verpackung ...?
- In Rot oder in Gelb?
- Üblicherweise bestellen unseren Kunden 10 oder 20 Stück. Wie viele möchten Sie?

Indirekte Frage:

Mit einer indirekten Frage kannst du als Verkäufer vorsichtig den „Reifegrad" des Kunden abtasten.

Beispiel:

- Wollen wir die besprochenen Details schon mal notieren?
- Wann könnten wir denn bei Ihnen anliefern.
- An wann möchten Sie denn über das Produkt verfügen?
- Entspricht das so Ihren Vorstellungen?

Provozierende Frage:

Den Gesprächspartner aus der Reserve locken.
ACHTUNG: Kann sehr gefährlich werden!

Beispiel:

- Habe ich Sie richtig verstanden, dass …?
- Wollen Sie etwa behaupten …?

Ja-Fragen-Straße:

Den Gesprächspartner über permanentes Ja-Sagen in die gewünschte Richtung bringen.
ACHTUNG: Nur gezielt und sparsam einsetzen!

Beispiel:

- Möchten Sie, dass die Investition sich für Sie lohnt?
- Soll es Ihnen die Arbeit erleichtern?
- Sie möchten weniger als vorher ausgeben?

Die ALLERwichtigsten Fragen!

Doch eines ist wirklich das ALLERwichtigste! Was ist für den Kunden wirklich das ALLERwichtigste?

Du musst es ihn fragen! Denn sonst erfährst du es nicht wirklich, sondern glaubst nur es zu wissen!

Stelle dem Kunden immer diese vier Fragen. Auch wenn du dir am Anfang damit blöd vorkommst. Denn mit diesen 4 simplen, einfachen Fragen wird sich auch der Kunde noch klarer über das, was er will!

Vor allem hast du später, wenn es um den Preis geht, alle Karten in der Hand!

1. Was ist Ihnen wichtig?
2. Ja, verstehe ich! Auf was kommt es Ihnen genau an?
3. Gibt es noch etwas, was für Sie wichtig ist?
4. Was ist das Allerwichtigste für Sie?

Verkaufen ohne Grenzen!

Hast du dich schon einmal gefragt, wo deine persönlichen Grenzen sind, im Privaten wie auch in deinem Business?

Wenn du neue Kunden gewinnen willst, mehr Umsatz und mehr Gewinn machen willst. Dann wirst du in der Zukunft öfter deine Grenzen überschreiten müssen. Denn wer immer nur das Gleiche tut, wird immer nur das Gleiche erreichen!

Ich liebe Geschichten von Menschen, die in irgendeiner Form ihre Grenzen überschritten haben!

Die meisten Grenzen setzen wir uns selber!
Wenn du dir auf deiner eigen geistigen Leinwand vorstellen kannst etwas zu erreichen, dann sind die Chancen sehr hoch, es auch zu schaffen!

Hier sind für dich zwei Geschichten von Menschen, die Dinge geschafft haben, die fast niemand zuvor für möglich gehalten hat!

Hoch hinaus

Tom Whittaker wird 1948 in Wales als Sohn eines Armeeoffiziers geboren. Toms Kindheit und Jugend ist geprägt von Züchtigungen im Internat.

1976 zog er eher zufällig in die Vereinigten Staaten von Amerika, wo er bis heute lebt.
Er verlässt das College ohne einen besonders guten Abschluss. Nach unbefriedigenden Jobs kommt er im Yosemite Valley zum Klettern. Nach seinen ersten Klettererfahrungen am Fels will er seine Ausrüstung gleich wieder verkaufen, da ihm dieser Sport doch mehr Angst einflößt, als er jemals gedacht hätte.

Er behält seine Ausrüstung schließlich doch, klettert weiter und gewinnt zunehmend Vertrauen in seine Kletterfähigkeiten und entwickelt sich immer weiter. Denn mittlerweile erfüllt ihn das Klettern, mehr als alles Geld der Welt.

Mit dem Ziel, einer der besten Bergsteiger und Kletterer der Welt zu werden, trainiert Tom Whittaker stetig und führt einige schwierige Bergfahrten und Klettertouren erfolgreich durch.

1979, im Alter von 31 Jahren, verändert sich sein Leben schlagartig! Er verliert bei einem Autounfall seinen rechten Fuß!

Nach anfänglicher Depression bis hin zu Selbstmordgedanken schöpft er neuen Lebensmut.

Er beginnt mit dem Kajakfahren und fühlt sich so lebendig wie nie zuvor.

Schließlich erhält er sogar eine Beinprothese und widmet sich wieder dem Klettern. Er setzt sich für andere Behinderte ein, gründet eine Outdoor-Organisation für Behinderte und unternimmt allerlei riskante Abenteuer, die noch nicht einmal die meisten gesunden Menschen wagen würden.

Tom träumt von der Besteigung des Mount Everest, dem höchsten Berg der Welt!
Doch er hat eine Prothese! Noch niemand zuvor war jemals mit einer Beinprothese auf dem Everest!

Im Winter 1988 erhält Tom einen Anruf von Karen Fellerhoff, die ihn fragt, ob er an einer Mount-Everest-Expedition teilnehmen will. Tom zögert zunächst, entscheidet sich dann dafür, diesen Traum in die Tat umzusetzen.

Die Firma Flex-Foot baut ihm neue Prothesen und übernimmt die Expeditionskosten und die Ausstattung mit Ausrüstung.

Tom scheitert bei der Besteigung des Everest im Juni 1989. Er entkommt nur knapp dem Tod!

Er gibt danach seinen Traum zumindest vorläufig auf.
1995 wagt er einen zweiten Versuch, den Everest über die Nordwandroute auf der tibetischen Seite zu besteigen.
500 Meter vor dem Gipfel scheitert er erneut! Er beschließt endgültig, nie wiederzukommen!

Doch Greg, einer seiner Expeditionsgefährten, der den Gipfel erreicht hat, gibt ihm im Basislager einen Schieferstein vom Gipfel des Everest, damit Tom ihn eines Tages zurückbringt.

1998 kehrt Tom noch einmal zum Everest zurück! Obwohl es wieder Schwierigkeiten gibt, schafft Tom es, die Sherpas zu einem Aufstieg zu motivieren.

Mit fast 50 Jahren schafft es Tom Whittaker als erster beinamputierter Mensch, den Gipfel des Mount Everest zu besteigen.
Er bringt den Schieferstein von Greg zurück!

Auch wenn du kein Bergsteiger bist, kannst du dir sicher bildhaft vorstellen, durch wie viele Höllen Tom in seinem Leben gegangen ist!

Die Buchempfehlung „Hoch hinaus“ findest du hinten!

Im Canyon

Aron Lee Ralston, geboren am 27. Oktober 1975. Aron Ralston hatte sich zum Ziel gesetzt, alle 59 Viertausender in Colorado 59 im Alleingang zu besteigen.

Die Voraussetzungen dafür waren die Besten! Er war jung, er war fit, er hatte das Zeug dazu!

26. April 2003. Aron ist auf einer Wanderung im Blue John Canyon in Utah. Aron ist alleine unterwegs. Bisher hat er immer einem Freund die genaue Beschreibung gegeben, wo er unterwegs ist, wann er wieder zurück ist.

Diesmal hat er nur ein Wort hinterlassen: UTAH!

Er klettert über einen Felsen, dieser bewegt sich, er rutscht schnell herunter und landet auf einem runden Fels. Er schaut instinktiv nach oben, der Fels hat sich gelöst! Ein Schrecken durchzuckt ihn, schützend hält er die Hände über seinen Kopf.

Ausweichen ist unmöglich, er würde über einen Vorsprung stürzen. Er hofft nur noch, dass der Fels ihm nicht auf den Kopf fällt. Die nächsten drei Sekunden, vergehen wie in Zeitlupe.

Der Fels schmettert seine linke Hand zurück, als der Fels abprallt, zermalmt er seine rechte Hand und quetscht seine rechten Arm am Handgelenk ein!

Er sitzt in der Falle!

Aron versuchte fünf Tage und fünf Nächte lang, sich aus seiner Lage zu befreien, seine Strategien hatten jedoch keinen Erfolg. Zudem hat er gegen das oberste Gebot bei einem Trip in die Wildnis verstoßen!

Er hat niemandem seiner Freunde eine genaue Routenbeschreibung hinterlassen!

Niemand weiß wo er ist. Sie wollen ihn suchen, doch niemand weiß wo! Kannst du dir das vorstellen? Du hockst in dieser Scheiß Falle, du hast es dir selber eingebrockt! Das ist nicht irgendwie Scheiße, dass ist ganz große Scheiße!

Aron schreibt in seinem Buch:
„Am ersten Tag habe ich versucht, meinen Körper gegen den Stein zu schlagen", seine Hoffnung: Die Hand würde heraus schnappen – vergebens!

„Am zweiten Tag haute ich eine Verankerung in den Stein, baute mir eine Art Schaukel, auf die ich mich setzen und die Beine entlasten konnte“.

„Am dritten Tag, als mein Proviant von drei Liter Wasser, zwei Broten und vier Schoko-Riegeln ausgegangen war, unternahm ich den ersten Versuch einer Eigen-Amputation“.

„Das Messer war so stumpf, ich kam nicht mal durch die Haut. Später dann schon. Doch ich wusste, dass ich so nicht durch den Knochen kommen würde".

"Ich weiß nicht, wie ich den Schmerz ausgehalten habe. Ich habe unendlich gelitten".

Am fünften Tag hatte er die Lösung: Mit Hilfe seines Körpergewichtes hebelte er so lange an seinem rechten Unterarm, bis Speiche und Elle gebrochen waren.

Noch zur Steigerung. Du kommst sicher selber drauf, was er trinken musste als sein Wasser leer war?

"Dann begann ich das Messer erneut anzusetzen und zu schneiden. Das Ganze hat ungefähr eine Stunde gedauert".

Befreit seilte er sich 20 Meter in die Schlucht hinab. Lief, den Arm in einer Schlinge, gut 15 Kilometer, bis er holländische Kletterer traf, die per Handy die Retter alarmierten.

Aaron gibt zu:
"Ich war mit dem Tod im Frieden. Wenn es meine Zeit gewesen wäre zu gehen, dann hätte ich das akzeptiert. Jetzt freue ich mich darauf, in diese wundervollen Berge zurückzukehren".

Seine für viele Menschen kaum nachvollziehbare Tat und sein unerschütterlicher Überlebensdrang brachten ihm nebst zahlreichen Artikeln in Magazinen und Zeitungen auch einen Gastauftritt in der David Letterman Show ein.

Das Magazin „Gentlemen's Quarterly" kürte ihn sogar zum Mann des Jahres 2003.

Heute trägt Aron Ralston eine Armprothese und behauptet, seinen Arm in Anbetracht der durch das Unglück gewonnenen Erfahrungen nicht zu vermissen.

Für ihn habe ein zweites Leben begonnen, welches er nun viel intensiver durchlebe als das vorherige. Im März 2004, circa 10 Monate nach der Amputation, bestieg Aron zum ersten Mal wieder im Alleingang einen Viertausender.

Bereits im darauffolgenden Winter schloss er sein Colorado-Projekt, die Besteigung aller 59 Viertausender in Colorado, ab.

Seine Hand wurde kremiert und die Asche über den Canyon verstreut.

Die Buchempfehlungen für:
„Hoch hinaus“ und „Im Canyon“ findest du hinten!

JAUUL

Weg mit dem Katzenjammer!

Wir alle kennen das: Der Kollege, Freund oder wer auch immer, ruft an und „heult sich aus". Wie schlimm doch alles sei und die anderen sowieso immer Schuld an allem haben, was ihm so wieder fahren ist.

Er kommt einfach nicht dazu, dir was Gutes zu erzählen.
Ein Horrorszenario jagt das nächste und wie der Teufel es will, wir stimmen mit ein und der Katzenjammer will kein Ende nehmen.

Kannst Du Dich daran erinnern, dass Du Dich nach einen solchen Gespräch richtig gut gefühlt hast? Dass Du danach gestärkt in ein Kundengespräch gegangen bist?

Dass du es schaffst, nach solchen Gesprächen oder noch schlimmer mit solchen Menschen deine Grenzen zu überschreiten? Wohl nicht!

Erzähle dir deinen Erfolg
Stelle dir einen Sonnenuntergang in der Karibik vor.
Die Luft ist warm, das Meer rauscht.
Unter Deinen nackten Füßen spürst Du den weichen feinen Sand!
Herrlich!

Und jetzt konzentrierst du dich auf die penetranten Mücken, die an Dein Blut wollen! Uuahhh!!!

Auch an den schönsten Dingen können wir mit ein wenig Fantasie Schönheitsfehler entdecken.
Eines ist sicher, man kann an allem etwas Schlechtes finden. Egal wie unwichtig diese negativen Seiten sind, wenn man so denkt – dann sind sie bald riesengroß!

Lasse das nicht zu!

Du bestimmst selbst, wie es DIR gehen soll. Sieh dir immer zuerst die guten Seiten an. Vergiss die rosarote Brille, wenn du wirklich eine Lösung brauchst. Starre nicht auf Probleme, sondern suche nach Lösungen und Möglichkeiten!

- Statt auf deine Misserfolge zu blicken, konzentriere dich auf deine Erfolge!
- Sieh in deinen Krisen die Chancen und in deinem Ärger die Aufgaben, die du zu bewältigen hast.
- Dulde keine Miesmacher in deiner Umgebung!
- Umgebe dich mit optimistischen Menschen!

Ich kenne so viele Menschen, die mir immer sagen:
„Thomas, ich bin ein positiver Mensch“!
Doch wenn sie dann anfangen zu reden, kommt nur negativer Müll heraus.

Immer die gleiche Leier von:
- Hätte – Wäre – Könnte!
- Woanders ist alles besser!
- Wenn ich damals ... !
- Ich kann nicht, weil ... !

Wenn Du Dir selber Erfolg suggerierst, strahlst Du mehr Zuversicht aus!
Erfolg beginnt im Kopf, nachdem du im Bauch schlechte Gefühle hattest (Eisberg!).

Im Sport wird ein Spiel im Kopf gewonnen oder es wird im Kopf verloren. Dazu kennst du sicher auch genügend Beispiele. Sei es aus der Bundesliga, Tennis, Basketball oder, oder, oder.

1997 habe ich 1 Jahr mit meinen Freund Juri aus Finnland, Squash gespielt. Der Bursche war mental stärker als ich. Körperlich war ich weniger und schneller, doch mental leider nicht. Ich führte in einem Spiel 14:3. Da habe ich ihn angelächelt und getönt: He, Juri jetzt hast schon verloren!

Er schaute mich sehr ernst an. Dann sagte er mit seinem herrlichen finnischen Akzent:
„Thomas, du wirst nicht gewinnen! Ich bin ein Finne und gebe niemals auf! Pass jetzt gut auf“!

Ja, leider habe ich 14:15 gegen Juri verloren.
Weißt Du was, ich habe in einem Jahr mit ihm nicht ein einziges Spiel gewonnen!

Dann ging er „zum Glück“ zurück nach Finnland.
Ich suchte mir keinen neuen Squash-Partner!

BILLIG!
BILLIG!
BILLIG!
RABATT
SONDERANGEBOT
%
Reduziert!

Watt kostet datt?

Wenn es um den Preis geht, scheiden sich die Geister! Wenn der Kunde nach dem Preis fragt, da wird so mancher Verkäufer unsicher!
Den Preis „nur“ zu nennen, ist das eine, doch den Preis auch überzeugend rüberzubringen, steht auf einem anderen Blatt.

Das können nur wenige wirklich gut. Die meisten fangen sofort an, sich für den Preis zu rechtfertigen, statt selbstsicher den Preis zu nennen und dann einfach die Klappe zu halten. Da wird sich um Kopf und Kragen geredet!
Das ist kaum zum Aushalten.

Ich hatte mir mal einen schicken gebrauchten Saab angesehen. Den Preis auf dem Schild empfand ich als viel zu günstig. Nun wollte ich Probe fahren, also musste ich mir einen Verkäufer suchen.
Nach 10 Minuten (!) hatte ich einen gefunden. Wohlgemerkt, ich war im Autohaus und suchte den Verkäufer, die Damen an der Zentrale wussten auch nicht, wo er ist und haben mich dann auch nicht weiter beachtet!

Wir gingen zum Wagen und ich wollte den guten Mann natürlich testen. Mit einem Stirnrunzeln sagte ich den Preis, sodass es wie eine Frage klang.

Jetzt aufgepasst, was tat der Verkäufer?

Noch mal, ich empfand den Preis als zu niedrig! Doch mein Stirnrunzeln und die Art, wie ich den Preis sagte, verleitete den Verkäufer zu folgender Aussage:
„Kein Problem, am Preis können wir was machen!"

HILFEEEE!!!

Bevor er mir irgendeine Frage stellte, machte der Bursche solch eine Aussage!
Wo sind wir hier?

Warum jammern so viele Autohäuser herum?

Die lassen sich schulen bis zum Abwinken, doch leider zu oft in technischen Dingen und wohl auch von Trainern, die scheinbar nicht wissen, wie Kunden ticken.

Zum Weglaufen! Vor allem kein Einzelfall, denk an die Story mit dem Multivan für fast 70.000 €!

Doch zurück dazu, wenn man den Preis nennen soll. In der Körpersprache und der Stimme des Verkäufers zeichnet sich die ganze Unsicherheit ab.

Da wird von einem Bein auf das andere getippelt oder im Sitzen auf dem Stuhl herumgerutscht. Sich am Ohr gekratzt (ich kann es nicht mehr hören) oder die Fusseln von der Hose gewischt (das Thema wegwischen).

Arbeite an deiner Körpersprache und an deiner Stimme, wenn du deinen Preis nennst!
Von meinen Teilnehmern im Training höre ich immer wieder:
„In unserer Branche ist es aber üblich, dass man sowieso Rabatte gibt!"

Jetzt bin ich mal wieder ganz frech. Denn ich sage dann:
„Wisst ihr was? Das ist mir völlig egal, ob das in eurer Branche so ist! Bitte ändert eure Grundhaltung zum Thema Preis!
Denn sonst verschenkt ihr jedes Mal Geld!"

Geld, das am Jahresende dann in der Kasse fehlt und dann geht das Gejammer los.

Kunden kaufen keine Preise! Sie kaufen Produkte, mit denen sie ihre Bedürfnisse befriedigen! Doch wenn der Verkäufer durch seine Unsicherheit signalisiert, dass er mit sich verhandeln lässt, dann muss er sich auch nicht wundern, wenn der Kunde es ausnutzt!

Es geht hier nicht darum, seine Preise zu überziehen, also etwas viel zu teuer anzubieten.

Sondern ganz klar darum, dass man nicht in Hamburg auf dem Fischmarkt steht.
Es geht darum den Kunden zu zeigen, wir sind hier nicht bei:

- Geiz ist geil!
- Auf alles 20 %, außer Tiernahrung!
- Wer mehr bezahlt, ist selber blöd!

Wenn du überzeugt und selbstsicher deinen Preis nennst, dann ist auch der Kunde sicher, dass er die richtige Wahl trifft. Spürt er deine Unsicherheit, wird auch der Kunde unsicher!

Wenn du als Verkäufer wirklich selbstsicherer werden willst in Preisverhandlungen, dann empfehle ich dir ein Training oder ein Einzelcoaching bei mir zu buchen!

Das stärkste Element ist Vertrauen!

Um ein Preisgespräch aufzubauen, gibt es immer mehrere Möglichkeiten. Stelle am Anfang Fragen, damit signalisierst du dem Kunden dein Interesse!

Er bekommt Vertrauen zu dir und damit zum Unternehmen!
Frage nach folgenden Dingen:

- Frage immer, wofür er eine Lösung braucht. Was ist das „Problem“, das er lösen muss?
- Welche Ziele hat der Kunde?
- Warum will er das haben?
- Herr Kunde, jetzt sagen Sie mir doch mal, was sind die typischen Kunden von Ihnen? (Wenn du sein Zulieferer bist!)
- Wenn der Kunde von Problemen redet, erkläre ihm dann hinterher:
  Sehen Sie, wenn wir das so machen, dann lösen wir damit Ihr Problem!
  Wenn wir das so machen, dann gewinnen Sie neue Kunden. (Wenn du sein Zulieferer bist!)
- Notiere dir das, was der Kunde sagt! (Ja, das wiederhole ich immer wieder!)
- Welche Kunden wollen Sie noch haben? Sehen Sie, mit uns können Sie diese bekommen. (Wenn du Zulieferer bist!)

Vorteile in Geld umrechnen

Wenn du Kunden hast, die immer so liebend gerne über den Preis diskutieren wollen, dann rechne die Vorteile des Produktes in Geld um!

Denke bitte nicht, dass sich das der normale Kunde selber ausrechnet. Nein, der Mensch ist träge. Du musst dem Kunden jede Konsequenz eines Vorteiles genauestens vorrechnen.

Denn sein Hirn braucht Konkretes, mit Diffusem kann es nichts anfangen (das ist mit jedem Hirn so!).
Damit deine Kunden bei den Vorteilen ihres Produktes auch wirklich große Augen bekommen, rechne ihnen die Vorteile in Geldwertvorteile um. Die errechneten konkreten Zahlen präsentierst du ihm dann mit großer Geste auf Papier!

Wenn du in einem Verkaufsgespräch sagst:
"Unsere Maßnahme bringt eine Qualitätsverbesserung des Produktes!" lockt das keine Maus hinter dem Ofen hervor. Wenn du diesen Vorteil jedoch in Euro übersetzt, dann überzeugst du den Kunden viel eher!

In einem Verkaufsgespräch, wo du etwas vorstellst, dass etwas kostet, musst du dann immer zwei Zahlen bringen:

Das kostet es!
Das bringt es!

Die zweite Zahl ist natürlich höher als die erste!

Der Preisberg

Es gibt auch die wunderbare Methode, den Preis zu nennen, bevor der Kunde überhaupt danach fragt!
Wichtiger Hinweis, der immer gilt, wenn der Preis genannt wird:
Deine Stimme muss runter!
Denn wenn deine Stimme zu hoch ist, klingt es fast wie eine Frage!

Dazu ist es auch wichtig, dass du dich entscheidest, ob du von Kosten oder von einer Investition redest!
Satt zu sagen:
„Es kostet 10.000 € !"
Sagst du:
„Sie bekommen es für 10.000 € !" / „Sie investieren 10.000 € !"

Gehe da mal in dich und probiere die für dich beste Möglichkeit aus.

Es ist eine entscheidende Hilfe, wenn du ein Leistungsgespräch führst statt eines Preisgespräches!

Stelle dir mal dein Preisgespräch so vor, als wenn du mit dem Kunden gemeinsam einen Berg besteigst.

Das Ziel ist, wie bei einem Berg so üblich, der Gipfel / die Spitze!

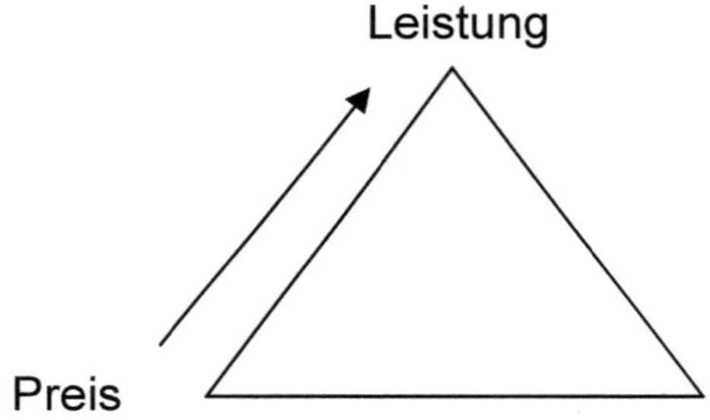

Jetzt nenne mal den Preis, unten am Fuß des Berges, also am Anfang eurer Tour. Nun geht ihr los und du führst ein Leistungsgespräch, denn du erzählst dem Kunden, was er alles für diesen Preis bekommt.

Was passiert auf der Tour? Ganz einfach!
Du entfernst dich vom Preis. Somit ist es für den Kunden viel schwieriger, wieder auf den Preis zurückzukommen.

(Falls er es doch tut, dann nennst du den Preis und zeigst ihm wieder die Leistung auf, die er dafür bekommt.)

Die Zauberformel für gute Preise

Schon der Heilige Augustinus, geb. 354 n. Chr. (!), sagte: „Nur wer selbst brennt, kann andere entzünden!“

Was bedeutet dieses Brennen für uns im Verkauf? Brennen bedeutet, von einer Sache und vor allem von sich selbst regelrecht begeistert zu sein. Aus den Äußerungen eines Menschen hören wir sofort, was er verinnerlicht.

Zeige deinen Kunden dieses Brennen, das du für dich, dein Unternehmen, deine Produkte, deine Preise hast!

Wer von sich selbst überzeugt sein will, der sollte über ein gesundes Selbstwertgefühl verfügen.

Wenn es bei dir noch nicht so ist, dann komm zu mir ins Coaching!

Es geht nicht um Arroganz, Nase hoch und meinen, man ist der Schönste. Von sich selbst überzeugt zu sein hat auch nichts mit Angeberei zu tun!

Doch immer nur Bescheidenheit? Nein, die ist hier fehl am Platz!

Kennst Du das? Treffen sich zwei Freunde, einer von beiden fährt einen großen und teuren Wagen. Oft passiert dann, dass er sich dafür entschuldigt und rechtfertigt:
„Das ist einer mit Tageszulassung, den gab es schon sehr günstig." „Der war nicht ganz neu, den habe ich günstig bekommen".

Warum nur reagieren die meisten Menschen so?

Denke besser an Folgendes:

- Du bist der Top-Verkäufer!
- Zeige, dass du ein Experte bist!
- Stehe zu dem, was du kannst!
- Habe den Mut deinen persönlichen Mehr-Wert deutlich zu machen!
- Rede von den vielen begeisterten Kunden, die schon bei dir gekauft haben!
- Sei ein BEGEISTERUNGSBRANDSTIFTER!
- Habe ZÜNDELLUST!
- STECKE deine Kunden an!

Auf einer Streichholzschachtel habe ich mal etwas Interessantes gelesen:
Vorsicht, der Inhalt könnte in Brand geraten!

Mach den Sack zu!

Wenn du nun merkst, dass dein Kunde kaufen will, dann höre unverzüglich mit dem Argumentieren auf, schließlich hast du den Kunden schon überzeugt!

Würdest du jetzt vor lauter Begeisterung das Produkt weiter anpreisen, kann ihm das schnell auf die Nerven gehen. Es kann sogar Misstrauen entstehen.

Der Kunde weiß jetzt schon alles für den Abschluss. Was er hören will, ist ein Lob, eine Bestätigung für seine Entscheidung:
„Lieber Kunde! Herzlichen Glückwunsch, Sie haben genau die richtige Wahl getroffen!" „Danke, dass Sie sich für mich entschieden haben!"

Damit fühlt er sich wohl, er freut sich, dass er sich richtig entschieden hat.

Falls er jedoch nun anfängt mit Einwänden, kommt die Wichtigkeit der Bedarfsanalyse zum tragen. Wenn du diese sauber durchgeführt hast, kannst du nun damit punkten und du merkst schnell, dass die Einwände nur Vorwände sind.
Doch denke dran:
„Der Kunde macht den Umsatz! IMMER!!!"

Denke jedoch auch daran, dass man nicht jeden Kunden haben muss. Miesepeter, Dauernörgler, Ewigpreisdrücker, Nichtsrechtmachenkönner, Stinkstiefel, späte Zahler etc., die brauchst auch DU nicht!

Einige Tipps zum richtigen Verhalten bei Einwänden!

Habe keine Angst vor Einwänden, diese sind völlig normal. Es geht vor allem nicht um dich als Mensch.

Sondern der Kunde prüft sich im Grunde selber, ob er alles richtig gemacht hat und nun die Entscheidung trifft und bei dir kauft!
Beachte bitte folgendes:

- Unterbreche den Kunden auf keinen Fall!
- Bitte bleibe höflich, freundlich, sicher und gelassen!
- Jeden Einwand vom Kunden solltest du absolut ernst nehmen!
- Bitte komme nicht als ein Besserwisser daher (Das stimmt nicht usw.!)
- Bitte zeige deinem Kunden Verständnis!
- Überprüfe gemeinsam mit dem Kunden die Bedarfsermittlung!
- Erinnere den Kunden an sein eigenes wichtigstes Kaufmotiv!

Wenn alle Punkte nun klar sind, dann stelle auch eine ganz konkrete Abschlussfrage:
„Herr Kunde, werden Sie jetzt mein Kunde? Einverstanden!“ (Leichtes Kopfnicken und halte ihm offen deine Hand hin!)

Gekauft!!!

Wer ist denn dieser Thomas Reich?

Auf meiner Schule gehörte ich schon zu einer Minderheit. Denn ich war einer der faulsten Schüler! Doch mit dem Zauberwürfel gehörte ich zu den schnellsten, also auch wieder Minderheit.

Tischler wollte ich werden, doch nach 2 Wochen Praktikum bei Frau Steffens fiel ihr auf, ich sei zu jung. Komisch, denn tatsächlich bin ich in den 2 Wochen älter geworden.

Dann gab´s 20 DM auf die Hand und einen Tritt in den Hintern. Doch am anderen Straßenende stand ein Sägewerk, also machte ich es mir leicht und habe dort gefragt ob sie einen Lehrling brauchen. Man hat mich genommen trotz meines schlechten Zeugnisses.

Die Ausbildung im Sägewerk brachte mir breite Schultern, einen krummen Rücken und eine große Klappe ein. Diese Lehre habe ich damals gehasst.

Heute hilft sie mir in meinem Business!

Die breiten Schultern und der krumme Rücken sind weg. Aus der großen Klappe wurde unter anderem ein Schlagfertigkeits-Trainer. (Danke, Matthias Pöhm!)

1988 kam der erste kleine Durchbruch, mein Freund Rainer Scholz trat mir in den Hintern.

Ich ging zur Technikerschule nach Hamburg. Doch auch dort musste ich mich wieder beweisen, denn ich war der einzige Sägewerker. Die anderen Jungs, das waren echte Tischler. Die hatten die Feinmotorik, ich eher die Grobmotorik.

Doch 4 Semester hielt ich aus, habe den Abschluss geschafft!

Danach gelang mir der Einstieg in die Möbelbranche, direkt zu MIELE! Da waren die Tischlerjungs neidisch. Wie kann das ein Sägewerker schaffen? Tja, eben mit Persönlichkeit und 4x A A A A!

Nach Miele folgten über 15 Jahre im Verkauf, im Außendienst und als selbständiger Handelsvertreter. Alles jeweils in namenhaften Unternehmen. In dieser Zeit wurde mir immer bewusster, dass Rhetorik, Redegewandtheit, Selbstbewusstsein und eine mutige Portion Schlagfertigkeit zu mehr Erfolg führen.

Meine erste Trainerausbildung absolvierte ich in Hamburg, die zweite in der Schweiz.

Ich mach es jetzt mal kurz. Heute bin ich erfolgreicher Trainer, Berater und Coach. Halte Vorträge in Deutschland, Österreich und der Schweiz.
Der Trainer- und Coach-Beruf ist für mich meine Berufung!

Doch fast niemand hat am Anfang geglaubt, dass ich das schaffe! Außer ich selber, meine Frau Maria, meine Eltern, Hans-Jürgen („Der Alte Schwede") und Reinhard (der schon immer wusste, dass ich Trainer und Coach werde).

Die anderen wollten mich abhalten vom Trainer Geschäft:

„Ist doch alles überlaufen, gibt´s doch schon so viele – Kannste kein Geld verdienen – Musste deinen Firmenwagen abgeben" – und und und!

JA, stimmt, es gibt viele! (Der Firmenwagen ist auch weg). Doch man kann in allem erfolgreich sein, wenn man es wirklich will, sich den Arsch dafür aufreißt und jemanden hat, der es einem zeigt!

Ein genialer Typ am Stift – Stefan Ahlers!

1972 hat man mich raus gelassen. Zum Glück wurde ich nicht gleich auf ein Schiff gebracht und in die schöne große weite Welt geschickt. Denn das kann schnell passieren, wenn man in Brake geboren wird!

Als ich die ersten Stifte in die Hände bekam, erkannten die anderen Menschen um mich herum, dass ich damit noch mal groß rauskomme. Doch ich wackelte auch gerne mit dem Kopf und wippte mit den Füßen, wenn ich Musik hörte.

Doch sollte ich – was der Gruppenzwang nun einmal verlangt – erst einmal 10 Jahre auf die Schule.

Nach der Schule versuchte ich mich erst mal in verschiedenen Berufen, als Maschinenbauzeichner oder Lagerist. Doch das war nicht gerade der Brüller für mich, somit wurde ich dann schließlich Raumausstatter.

Die Zeichenstifte hielt ich im privaten Bereich weiter in den Händen. Zur Musik kamen mit der Zeit weitere kreative Hobbys dazu.

- Das Moderieren im Webradio (www.mcradio24.de)
- Drehen von Musikvideos
- Das Modellieren eigener Comicfiguren (Kostproben sind auf seiner Homepage www.moeppelmania.de zu finden)

Thomas hat sogar einer meiner Lieblingsfiguren den Hals gebrochen! Das war ein Schock, für mich und auch für Thomas – da hab ich ihn tatsächlich sprachlos gesehen!

Doch dadurch fand ich eine spezielle Technik zur Reparatur der Möppels. Sollte also so sein, dass Thomas mit seiner Grobmotorik auf den Deckel haute.

Ansonsten freue ich mich des Lebens und tue so ziemlich alles mit großer Hingabe.
Derzeit bin ich Verkäufer für Premium-Möbel.

Vor allem freue ich mich, dass endlich meine Begabung für das Zeichen bekannt wird.

Kontaktdaten Stefan Ahlers:
stefan.ahlers@moeppelmania.de
www.moeppelmania.de

Die können es deutlich besser!

Hier sind meine Empfehlungen von Unternehmen, die verstanden haben, dass der Kunde den Umsatz macht!

Bei ihnen wirst du als Kunde wirklich wahr genommen und man freut sich, dich zu sehen!

Da spürst du echten wertschätzenden Service!
Den Service, den es leider noch viel zu selten in Deutschland gibt!

Probiere es aus, du wirst den Unterschied zum Durchschnitt der anderen deutlich spüren. Falls nicht: Ruf mich an!
„Dann trete ich denen mal vor´s Schienbein und erinnere sie!“

Du willst deinen Wagen reparieren lassen und suchst schnelle unkomplizierte Hilfe?

Dann fahre zu Heinz Jüchter und Jürgen Otten! Mit ihrem Team und immer einem Tropfen Öl am Finger kriegen sie jeden Wagen wieder in die Spur!

Bei meinem damals 18 Jahre alten Saab 900 Turbo Cabrio haben sie zwar erst die Hände über den Kopf zusammengeschlagen. Doch dann die Köpfe unter die Haube gesteckt und dem Klassiker wieder das Leben eingehaucht!

Hier wirst du ohne Schnörkel, mit bestem Service für dich wertschätzend behandelt.

Das Team liebt es wirklich mit Autos zu „spielen“!
Alle machen einen tollen Job!
Vor allem halten sie immer ihre Termine ein!!!
Auch wenn die Werkstatt schon voll ist (Ich hab sie immer voll gesehen – also die Werkstatt!), sie helfen dir, ohne zu zögern!

AZ Auto-Zentrum Cappeln GmbH & Co. KG
Tenstedter Straße 1
49692 Cappeln
www.auto-zentrum-cappeln.de

O.k., kommen wir gleich zum neuen Auto. Ich bin ein Fan der Marke Saab!

Diese Autos haben immer noch was ganz eigenes. Vor allem fährt sie nicht jeder, da ist man eben anders als die große Masse!

Autohäuser sind ohnehin was „Spezielles“, wie du in meinen Beispielen gelesen hast. Leider bekommst du in den meisten, egal welche Marke, einen recht bescheidenen Service.
Je mehr es glänzt, umso mieser der Service!

Doch wie überall gibt es echte Ausnahmen. Hier ist eine davon!

Solltest du dich mal für einen Saab (was mich irre freuen würde!) interessieren, dann fahre nach Wuppertal. Der Inhaber hat auch noch fast den gleichen Namen wie ich: Thomas OestREICH. Klasse! Sein Verkaufsleiter heißt auch Thomas. Damit man uns nun alle nicht verwechselt, hat er einen anderen Nachnamen: Zaffky!

Anfang 2010 habe ich dort einen flotten Saab 9-3 gekauft! Mein geliebtes 900er Cabrio habe ich leider in Wuppertal gelassen.

Warum? Mir wurde dieses Autohaus von Gert E. empfohlen. Danke Dir nochmals, lieber Gert!

Gert wusste, wie sehr ich auf echten, guten Service stehe, gerade beim Thema Auto!

Schon der ersten Kontaktaufnahme am Telefon, wusste ich:
„Den Weg nach Wuppertal, immerhin 230 Kilometer, mache ich mir".

Es hat sich gelohnt! Wertschätzung, Anerkennung, echte Freundlichkeit und ein richtig schickes Auto für mich!

Autohaus Oestreich GmbH
Vohwinkeler Str. 158
42329 Wuppertal
www.auto-oestreich.de

Hier klappt es auch mit dem Service!

Du wirst überrascht sein, wie freundlich man zu Dir ist! Von Servicewüste ist hier kein Sandkorn zu entdecken. Die netten Mitarbeiter schauen dir wirklich in die Augen und nehmen dich wahr! Sie haben echten Spaß an dem, was sie tun. Das spürst du als Kunde. Bei Balzac ist der Service deutlich besser als in anderen Coffee-Shops!

Wenn ich in Hamburg bin, gönne ich mir das immer!

Alles begann mit einer kleinen Kaffeebar im Mai 1998 in den Colonnaden in Hamburg, als die amerikanische Coffee-Shop-Szene noch kaum bekannt war. Schon wenig später kamen noch weitere Läden dazu.

Von der DISQ ist Balzac zum besten Coffee Shop 2009 (Test 8/2009) gewählt worden. Dieses Siegel gilt für alle Stores in Hamburg, Berlin, Lübeck und Hannover.

Balzac Coffee GmbH & Co. KG
Burchardstr. 22
20095 Hamburg
www.balzaccoffee.com

Einfach gut angezogen! Das ist der Slogan, von Bruns-Männermode in Oldenburg!

Wenn es dir wie vielen Männern geht und du gerne gut angezogen bist, dann gönne dir einen Besuch in diesem Haus!

Ich wette mit dir, dass du dich dort wohlfühlst. Denn auch in diesem Unternehmen freut man sich, DICH zu sehen. Man schnackt dir nichts an, sondern man kleidet dich so, dass du dich gut fühlst! Alle Mitarbeiter sind richtig gut drauf. Sie Fragen dich nach deinen Wünschen und erfüllen sie – wenn es sich um Männerkleidung handelt!

Was mich immer wieder erfreut, wenn man an der Kasse ist, stehen dort keine Drachen! Sondern sehr freundliche liebevolle Damen. Die zwar deine Brieftasche erleichtern, doch das tun die mit so einer Herzlichkeit, dass es eine wahre Freude ist.

Du bekommst hier echte Mehr-Werte. Das macht richtig Spaß!

Gerhard Bruns GmbH & Co.KG
Haarenstraße 57- 60
26122 Oldenburg
www.bruns-oldenburg.de

Jetzt wird es sportlich! Ja, runter vom Sofa und den Hintern bewegen!

Mache wirklich folgenden Test:

Du fragst bei irgendeinem aus dem Team von Intersport-Lange in Soltau nach einem Artikel, den sie deiner Meinung nach garantiert nicht haben. Als Beispiel: „Einen Sack Zement oder Spreewald Gurken“!
Lass Dich überraschen, was passiert!

Du wirst erstaunt sein über das Geschäft, es ist für die Stadt relativ groß und dennoch total übersichtlich. Alles an seinem Platz! Für die verschieden Sportthemen ist eine Fachfrau oder ein Fachmann da!
Nimm gerne deine Kinder mit, die können durch den Laden toben, ohne das du schräg angeschaut wirst!
Du bekommst dazu Tipps für einen spannenden Schweden-Urlaub, Einladungen zu Outdoor-Events und vieles, was du vorher gar nicht erwartest!

Intersport Lange
Marktstraße 5
29614 Soltau
www.intersport.de

Wo wir gerade beim Sport sind!

Ralf Gesell und sein gesamtes Team haben ein großes Ziel:
Zufriedene Kunden, die immer mit einem Lächeln zu ihrem Training kommen und mit einem noch größeren Lächeln darüber erzählen!

Auf 900m² bekommst du das wirklich allerfeinste um deinem Körper und auch deinen Geist zu stärken! Es ist keine „Mucki-Bude", wo du Popeye triffst! Dieses Team hat verstanden, wie man mit Sport und Bewegung deutlich zufriedener wird in seinem Leben.

Das alles mit persönlicher Betreuung und mit den derzeit besten Geräten am Markt. Wie dem Milon-Zirkel! Er bietet ein vollwertiges Trainingsangebot. Ein Trainingsdurchgang dauert lediglich zweimal 17 Minuten.
Mit zwei Workouts pro Woche lassen sich bereits spürbare Ergebnisse erzielen. WOW!
Die Zeit nimmt man sich doch wohl, wenn man seinem Körper etwas Gutes tun will.

Life Studio
Industriepark 5a
27777 Ganderkesee
www.life-ganderkesee.de

Dein Profil ist runter, also vom Reifen!?

Dann hole dir ein neues und zwar bei Reifen Bünger in Cloppenburg! Spreche mit Frau Katja Averbeck oder jemandem aus dem Team, alle sind absolute Profis, wenn es um schwarze, runde Pneus geht!

Hier freuen sich alle, dass DU, der Kunde, da bist.

Während dein Auto, Trecker, LKW oder was auch immer neue Puschen braucht, in besten Händen ist, kannst du Kaffee und Kekse genießen.

Ein echtes Phänomen ist:
Wenn das Team von Reifen Bünger zu dir sagt:
„Ihr Fahrzeug ist um 11:00 Uhr fertig"!

Dann ist das auch so! Klasse!!!

Das Ziel des Unternehmens ist:
100% Kundenzufriedenheit!
Meine haben sie!!!

Reifen Bünger
Nebenstrecke Stapelfeld
49661 Cloppenburg
www.reifen-buenger.de

Immer eine Idee besser!

Bei Cassens in Oldenburg findest du alles, was du für den Bau, den Umbau, die Renovierung oder die Verschönerung deines Hauses benötigst - und natürlich alles für den Garten.

Hier wird der Unterschied zu anderen Baustoffhändlern schon beim Eintritt deutlich. Erlebe ein pures Wohngefühl in attraktiven Ausstellungsräumen. Du findest hochwertige Qualität bei allen Produkten und für dich garantiert immer "das Richtige".

Die Mitarbeiter wissen wer den Umsatz macht, sie finden Lösungen für ihre Kunden. Das Wort Problem oder „geht nicht“ ist hier fremd.

Wenn die Ware bei Kunden angeliefert wird, dann ist das mehr als nur das Produkt. Man liefert mit einem echten Lächeln und freut sich auf das nächste Mal.

August Cassens GmbH & Co.KG
Bremer Heerstraße 460
26135 Oldenburg
www.cassens.de

Holz ist unser Element

Das behauptet dieses Unternehmen und es wird auch genauso gelebt! Das spürt man bei jedem der Mitarbeiter. Hier stehen die Kundenwünsche im Vordergrund. Denn sie haben in fast 60 Jahren immer wieder erkannt und erlebt, dass der Kunde den Umsatz macht.

Es ist ein Inhaber-geführtes Unternehmen, das echte Werte lebt und seinen Kunden, Partnern und Lieferanten echte Mehr-Werte bietet.

Wenn du gerne mit dem natürlichen Werkstoff Holz leben und wohnen möchtest, du neue Fenster oder Türen brauchst, dann informiere dich als erstes bei Winter.

Sie verstehen es, erfolgreich am Markt die vielfältigen und vorteilhaften Eigenschaften des Holzes für den Kunden erlebbar zu machen.
Du bekommst Produkte, die den Komfortwünschen der Kunden immer gerecht werden.

Winter Holzbau GmbH
Bahnhofstraße 54
27321 Thedinghausen
www.winter-holzfenster.de

Ab in den Schweinestall!

Ja wirklich, in diesem traumhaften 4-Sterne Hotel und Trainingsinstitut, kannst du im ehemaligen – mittlerweile denkmalgeschützten - Schweinestall und Pferdestall wunderbar schlafen.

Die absolute Alleinlage von Gut Thansen bestehen aus 600.000 m² Fläche in traumhafter Umgebung. Hier hast du Wald und Wiesen, einen eigenen See, einen kleinen Hochseilparcour und wunderbare Plätze zum Ausspannen, Arbeiten oder Trainieren.

Das alles nur 50km südlich von Hamburg. Solltest du dir mal gönnen, denn es gibt zudem ein sehr gutes Restaurant.

Hier bist du ein sehr gern gesehener Gast, dem man auf hohem Niveau seinen Aufenthalt zu einem echten Erlebnis macht!

Hotel, Seminar und Eventzentrum
Gut Thansen
21388 Soderstorf
www.gut-thansen.de

The border of your language,
is the border of your World!

Eine Sprache lernen heißt, neuen Menschen zu begegnen, fremde Kulturen zu erleben, neue Erfahrungen zu machen, sich mitzuteilen. Daraus können so viele schöne neue Erlebnisse und vor allem auch Geschäfte entstehen.

Anne Greiser und Duncan Christie leben das, was sie in ihrem Unternehmen FOKUS Sprachen & Seminare, vermitteln. Denn, der Blick in die fremde Seele hilft dir, über die notwendige sprachliche Verständigung hinaus den ausländischen Partner zu verstehen. Deine interkulturelle Kompetenz, die sie dir vermitteln, wird dein strategischer Vorteil bei Gesprächen und Verhandlungen sein.

Was ist noch anders als bei allen anderen Sprachschulen? Sie bieten zur Sprache auch Erfolgs-Seminare an. Meine offenen Business-Seminare kannst du über FOKUS direkt buchen.

FOKUS Sprachen & Seminare
August-Wessing-Damm 2a
48321 Warendorf
www.fokussprachen.com

Manchmal gibt es Orte, an denen man sich sofort wohlfühlt.

Dieses Gefühl wirst du haben beim Betreten dieses Hotels.
Bayerisches Flair trifft auf norddeutsche Gelassenheit.

Im Münsterländer Hof Restaurant erwartet dich deutlich mehr als nur ein Essen. Das kulinarische Zusammenspiel zwischen regionaler und internationaler Küche wird um das Team von Sven Lehnhoff täglich aufs Neue definiert.

Ein besonderer Anlass, ungestört feiern oder ein Meeting für dein Unternehmen? Hier bist du an der ersten Adresse in Cloppenburg und Umgebung!

Lass dich überraschen und erlebe es einmal.

Münsterländer Hof
Bahnhofstrasse 30
49661 Cloppenburg
www.muensterlaenderhof.info

Lesens-Wert!!!

Entweder selber kaufen oder sich schenken lassen!

Diese Bücher haben mir viele gute Tipps und Tricks, viel lachen, gute Gespräche, die haben einfach Spaß gemacht und gut getan.

Vanessa Kullmann
„Keine große Sache“

Wege zum Erfolg gibt es viele, doch eines haben sie alle gemeinsam: Sie entstehen nur dadurch, dass man sie geht.

Den Sprung ins kalte Wasser wagen die wenigsten, sind doch Sicherheitsdenken und Respekt vor der »großen Sache« gerade in der heutigen Zeit scheinbar schlagkräftige Gegenargumente.

Zu Unrecht, meint Vanessa Kullmann, denn wer unternehmerisch über den eigenen Tassenrand schaut, ein gutes Gespür für gesellschaftliche Trends hat und sich nicht den Schneid abkaufen lässt, hat schon halb gewonnen. „Just go for it“!

Mit diesem Motto hat die Quereinsteigerin ihren persönlichen Traum einer eigenen Coffee-Company verwirklicht.

Ein motivierendes Buch für alle, die bisher den Schritt in die Selbstständigkeit noch nicht gewagt haben – Teetrinker inbegriffen.

ISBN-10: 3453131118
ISBN-13: 978-3453131118

Joachim Bauer
„Warum ich fühle, was du fühlst“

Als hätten wir es geahnt: Kleine Zellen bestimmen große Gefühle.
Das erste Buch über die Spiegelzellen, die Grundlage unserer emotionalen Intelligenz.

Warum stecken Lachen und Gähnen an? Weshalb sind manche uns auf Anhieb sympathisch und andere nicht?

Joachim Bauer berichtet über eine sensationelle Entdeckung der Neuro-Wissenschaften, die unsere Wahrnehmung von Menschen verändert.

Warum können wir uns intuitiv verstehen, spontan fühlen, was andere fühlen, und uns eine Vorstellung davon machen, was andere denken?

Die Erklärung dieser Phänomene liegt in den Spiegelneuronen, die erst vor kurzem entdeckt worden sind.
Sie sind die Basis von Empathie, "Bauchgefühl" und der Fähigkeit zu lieben.

ISBN-10: 3455095119
ISBN-13: 978-3455095111

Diana Jaffe
„Der Kunde ist weiblich"

Die wenigsten Unternehmen nehmen Frauen als Kundinnen wirklich ernst!

Das ist ein Fehler, denn Frauen stellen nicht nur eine große Wirtschaftsmacht dar, sie treffen auch die weitaus meisten Kaufentscheidungen.

Dieses Buch räumt mit Klischees auf und zeigt, wie Produkt, Preis, Vertrieb und Kommunikation für Frauen wirklich gestaltet werden müssen. Besonders nützlich:

Diana Jaffe belegt, dass und wie die Ausrichtung auf eine weibliche Zielgruppe zu Produktinnovationen führen kann, die auch für Männer unwiderstehlich sind.

ISBN-10: 3430150035
ISBN-13: 978-3430150033

Josua Fett
„Die Mehr-Wert Strategie“

Preiserhöhungen sind heikel!

Sie lassen sich heute nur noch durch einen Mehr-Wert - d.h. durch Zusatzleistungen, die für den Käufer von hoher Relevanz sind - vermitteln.

Das Buch zeigt anhand vieler Beispiele, wie höhere Preise z.B. durch erstklassigen Service, zielgerichtete Kommunikation oder starke emotionale Beziehungen zwischen Käufer und Verkäufer durchgesetzt werden können.
Ein neues Konzept, das Unternehmen und Kunden zu Partnern macht und beide gewinnen läßt.

Auch wenn das Buch aus dem Jahr 2000 ist, das Thema ist aktueller denn je!

ISBN-10: 3478246601
ISBN-13: 978-3478246606

Matthias Pöhm
„Vergessen Sie alles über Rhetorik“

Rhetorik, wie sie heutzutage benutzt werden soll, hat ihr Vorbild in der Werbung: wenige plakative Botschaften, spannend, unterhaltsam, bildorientiert, kurze Abfolge, sehr emotional.

In diesem Buch findest du einiges grundlegend Neues, was so vorher noch nie publiziert wurde.

Du bekommst hier eine handfeste Anleitung.
Wie du durch die Bildersprache den Zuhörzwang auslöst. Wie du dich mit einer einzigen Rede als Meinungsführer etablierst. Wie du selbst aus nüchternen Zahlenpräsentationen ein Highlight machst.
Wie du jedes beliebige Thema mit Emotionen verknüpfen kannst.

Kurzum, dieses Buch zeigt dir, wie du als Redner beim Publikum Faszination auslöst.

ISBN-10: 3636062441
ISBN-13: 978-3636062444

Tom Whittaker
„Hoch hinaus“

Tom Whittakers Wunsch war es immer, Bergsteiger zu sein. Ein Weltklasse-Bergsteiger!

Bis er eines Tages bei einem Autounfall seinen rechten Fuß verliert.

Zuerst scheinen Toms Kletter-Tage vorbei zu sein, doch dann siegt sein Wille: Er wird es schaffen.
Er wird den Mount Everest besteigen!

Damit beginnt eine lange Odyssee, an deren Ende Tom tatsächlich auf dem Gipfel des höchsten Berges der Welt steht.

"Man braucht keine zwei gesunden Beine, um die höchsten Berge dieser Erde zu bezwingen.

ISBN-10: 3404615344
ISBN-13: 978-3404615346

Aron Ralston
„Im Canyon"

Plötzlich fand sich Aron Ralston, ehemaliger Ingenieur, nun Kletterer, Photograph und Wanderführer, in der Falle: eingeklemmt zwischen einem halbtonnenschweren Felsblock und einer Felswand.

Ohne Hoffnung auf Hilfe, weil niemand wusste, wo er war.

Nach fünfeinhalb Tagen ohne ein Signal der Hoffnung, mit wenig Wasser, noch weniger Essen, brütender Hitze und klirrender Kälte stand Aron Ralston vor der schrecklichen Entscheidung:

Er kann nur überleben, wenn er sich selbst den eingeklemmten Arm amputiert!

ISBN-10: 3550076207
ISBN-13: 978-3550076206

…bis bald mit „REICH-lich“ Mehr-Wert!!!

Ich danke dir von ganzem Herzen, dass du mein Buch gelesen hast!

Für mich war es ein sehr spannendes Projekt:
Mein erstes eigenes Buch!

Es war auch gar nicht so schwer, es zu schreiben. Man fängt halt einfach an und schreibt dann jeden Tag. So machen das fast alle Autoren. Ja, manche schreiben auch gar nicht selber, sondern holen sich dafür einen Ghostwriter. Das geht auch, doch selber schreiben ist sicher spannender.

Nun bekommst du sogar noch Mehr-Werte von mir!
Wenn du in eines meiner Trainings kommst, dann schenke ich dir ein neues Exemplar von meinem Buch. Dann brauchst du dir über das nächste Geschenk für einen Freund keine Gedanken machen!

Wenn du mich mal irgendwo unterwegs triffst, sprich mich an! Ich lade dich auf einen Kaffee ein! Ja, gut, einen Brownie sollste auch noch haben.

...bis bald! Wir sehen uns ganz bestimmt!
Sonnige Grüße Thomas Reich

Noch Platz für deine spontanen Gedanken und Ideen!

Noch Platz für deine spontanen Gedanken und Ideen!

Noch Platz für deine spontanen Gedanken und Ideen!